# UTAGE
## 実践マニュアル
### 会員サイト編

カー 亜樹
KERR AKI

つた書房

**本書をお読みいただく上での注意点**

- 本書に記載した会社名、製品名などは各社の商号、商標、または登録商標です。
- 本書で紹介しているアプリケーション、サービスの内容、価格表記については、2024年12月26日時点での内容になります。
- これらの情報については、予告なく変更される可能性がありますので、あらかじめご了承ください。

## 新しい未来の働き方を叶える「UTAGE」の可能性

オンラインやリモートで仕事をするのが、当たり前になり、AIの新しいツールや、新しいテクノロジー、ツール、SNSが登場し、働き方も大きく変わりました。「長時間業務や、一生懸命頑張ることが成果につながる」という常識から、「より時短で、より効率的に、早く仕事を終わらせること」「自分の負荷を軽くして自由な時間を増やすこと」「オフラインよりもオンラインが喜ばれる」時代になりました。最新と思った情報が、すぐ時代遅れになり、情報についていけなければ、成功ルートから脱落してしまう。そんな状況に、今何を選択するのが正解なのか、何から始めればいいのか、迷っている方もいるでしょう。

「もっと自由な時間が欲しい」「家族や趣味、自分磨きに時間を持ちたい」「手離れがいい自動化の仕組みを作りたい」と思っても、これらの課題を解決できる便利ツールは外国製ばかりで、言葉の壁や日本語情報の少なさから「便利なのはわかるけど使いこなせない」と諦めざるをえない……。そんな中、登場したのが日本製のオールインワンシステム「UTAGE」です。

私は、日本語で「宴」を意味するこのシステムの可能性を聞いた時、「仕事はさっさと終わらせて自動化できたら、あとは宴を楽しめるかも！」とワクワクした気持ちになりました。これまでのツールでは解決できなかった様々な課題を短時間で解消し、働き方そのものを根本から変え、あなたに豊かさをもたらしてくれる可能性を秘めているのがUTAGEなのです。

本書の中でも説明していますが、UTAGEはこれまで複数のサービスを組み合わせてビジネスを行ってきた人たちが抱えていた、さまざまなストレスを一気に解消してくれる優れものです。集客から信頼構築、販売、コンテンツ提供、リピート購入、口コミ紹介など、インターネットを活用したビジネス提供において必要なことがすべて揃っているからです。

さらにUTAGEなら、システムの初期費用が0円なのも嬉しい点です。仮にホームページやLPなどの制作を依頼すると、1サイトあたり30万円以上かかるのが一般的です。それ以外にも必要なメルマガスタンドやLINE配信ツール、会員サイトシステムなどを個別に契約するとなると、合計でかなりの費用がかかってしまいます。

せっかく自分のサービス提供を始めたのに、サービス提供のために多くの費用がかかったり、集客やセミナー運営、個別相談など顧客対応に疲弊したりしては、やがてあなた自身が疲れ切ってしまいます。

事実、そんな状況をどうにかしたくて、自動化やオンライン化をしたいと思いながら、どのシステムが最適なのか決められず、結局何も変わらないまま何年も過ぎてしまっている人も少なくありません。もしもあなたがそんな状況なら、ぜひこれをきっかけにUTAGEの導入にチャレンジしてみてください。

- これまで英語のマーケツールしかなく、使いこなすのが大変で足踏みしている
- UTAGEの存在を知りながら、「自分には難しい」とまだ活用しきれていない
- 「UTAGEの自動化がすごいらしい！」と情報を見つけ、可能性を感じ始めた

ひとつでも当てはまるなら、UTAGEはあなたにピッタリのシステム

になってくれるはず。

とはいえ、まだまだ事例が少なく、海外のマーケティングツールに触れていない人が知識ゼロで1人で操作するのは大変だなと思っていた矢先、執筆のお話をいただき「やります！」と即決で決めました。本書は、「UTAGE実践マニュアル」シリーズの「会員サイト編」として、これからUTAGEを使って会員サイトを構築したいと考えている人のための本です。

本書では、私が長年パソコンインストラクターとして初心者向けにテキスト作成をしてきた経験や、講座のアイディアをオンライン講座化してきた経験から得られた知見を惜しみなく盛り込みました。また、単なる操作解説だけで終わってしまわないように、本書の通りに実践して会員サイトを構築していただける構成にもなっていますから、初めてUTAGEを操作される方も、脱落せずに進めていただけると思います。

本書を片手に操作するだけで、短時間でしかも簡単に、イベント・セミナーの構築や、個別相談・個別予約の日程を自動提案して受付けたり、魅力的な会員サイトを構築するアイディアが得られます。また、本書の最後には、私がこれまでサポートしてきた方々に協力をいただき、会員サイトの事例を豊富に掲載しました。

UTAGEは、単なる効率化ツールではありません。集客をもっと楽しくラクに、クライアントに喜ばれながら、あなたのビジネスが格段にうまくいく戦略をぜひ立ててみてください。

日々進化するUTAGEにいち早く取り組み、あなたが望む働き方と、クライアントの未来を手に入れていただければ幸いです。

どんな人も、スタートはゼロからです。

さあ、次のページを開いて、UTAGEと共に豊かになる未来に一緒にチャレンジしていきましょう！

2025年1月
UTAGE構築コンサルタント
カー　亜樹

CONTENTS

CHAPTER 1

# UTAGEとは？

CHAPTER

# 2

# 会員サイトを理解する

CHAPTER

# 3

# コースの作成と受講生の管理

CHAPTER

# 4

# 使う素材をアップロードする

CHAPTER

# 5

# イベント・予約を活用する

CHAPTER

6

# 会員サイト運営効率化のコツ

# 読者5大特典

UTAGEマスターに役立つ5つの特典をプレゼントします!
今すぐダウンロードしてご活用ください

**特典 1** 会員サイトの設計書ワークシート

**特典 2** コース、レッスン構成テンプレート

**特典 3** 売れるセミナー企画チェックシート

**特典 4** ゼロから作る会員サイト
2DAYセミナーご招待

**特典 5** 書籍に入りきらなかったお宝原稿

<特典はこちらから>

QRコードが読み取れない場合は、こちらのリンクからアクセスしてください。

http://e-lifegoal.com/utage/

※特典は予告なく終了する場合があります。予めご了承ください。

CHAPTER 1

# UTAGEとは？

SECTION

# 今、話題のUTAGEの魅力について

今、「UTAGEを構築して自動化したい」と構築にチャレンジする方が増えています。そんなUTAGEには、どんな魅力があるのでしょうか。開発者であるいずみ氏は、UTAGEの特徴について次のように発信されています。

## UTAGEとは？

UTAGEは、開発者であるいずみ氏がマーケターやオペレーターの視点で作り上げたシステムで、集客から販売、サービス提供、さらに紹介まで売上アップに便利な機能が豊富に揃っています。また、現在も新機能が次々と追加され、システムは日々進化を続けています。

昨今さまざまなシステムがありますが、操作が難しかったり、構築が大変だったりするシステムは、完成させるまでに膨大な時間がかかります。せっかく取り組んだのに成果が出ないからといって途中で挫折してはもったいないですよね。

その点UTAGEには、商品・サービス販売のための機能が一式揃っていますので、省労力・時短で効率よく運営ができるようになります。

## UTAGEはどんな人に向いている？

売上を上げるための有益な機能が備わっているUTAGEは、日々の集客やサービス提供で、次のような悩みを抱えている人に最適です。

**●自動で商品が売れる仕組みがない**

自動販売のシステムがないので、毎回、手動での販売に頼っているが、多くの時間を取られている割に、成果が上がっていない。

あるいは「自動化で売上ができた！」という声をネットで見るたびにちょっと悔しい思いをしている。

**顧客の集客・管理が煩雑で、キャパオーバーになりがち**

顧客が増えるたびに対応が増えて追いつかなくなり、対応漏れが生じ、品質が低下している。

**セミナーやイベント運営の対応をもっと楽にしたい**

運営に関わる事務処理やメール配信の作業に時間を取られ、個別相談誘導までの業務が手薄になっている。

**短期間でビジネスを軌道に乗せたいが構築に時間がかかりすぎる**

会員サイトや販売ページの構築に時間がかかりすぎ、開始日を遅らせてばかりで、まだスタートできていない。

**効果的に売上が上がるファネルがないので、集客から成約に至るプロセスで機会損失が生じている**

売上を伸ばすためのファネル設計の正解がわからない。

販売や集客のためのライティングや、LPの設計が難しそうで、どこから手を付けていいのか分からず、行動に移せない。

**顧客フォローやサポートの対応が多く、作業が追いつかない**

個別対応やサポートにかかる時間を減らしたい。時間的にも体力的にも限界があり、前向きなメンタルの維持が難しくなっている。

**簡単に使いこなせるツールで、販売・集客を継続的に自動化したい**

新規キャンペーンのLINE・メルマガ配信や動画配信の自動化など

既存客に新商品や追加サービスを提案する手段がなく、単発で終わってしまいがち。

## オールインワンシステムのメリット

UTAGEは見込み客の獲得から購入者のフォローアップまで、ひと通りのマーケティングフローを統括できるオールインワンシステムです。

オールインワンのメリットには次のようなものがあります。

### 初心者でも集客の仕組み化がすぐに実現できる

- 直感的に操作できる画面で、初心者でも安心
- メニュー構成がシンプルで分かりやすい
- 豊富なマニュアルが揃っており、機能もアップデートされている

### マーケティングファネルに必要なページや設定が簡単に作れる

- 自動でセミナーを開催できるオートウェビナー機能が搭載
- オプトインページ、セールスページ、サンキューページなど各種ページのテンプレートが充実
- デザイン性の高いランディングページ（LP）が豊富
- カード決済と連携させた決済ページの作成が可能
- 未購入者の抽出・アクション設定、ラベル付けによる選別ができる
- 期間限定オファーや細かい締切を管理できる

### コストの削減・作業時間の短縮ができる

- メール・LINE配信機能のステップ配信、一斉送信、リマインダ配信設定で、配信をコントロールできる。
- Googleカレンダーと連携し個別相談・予約の日程を自動調整できる
- AIアシスト機能（ChatGPT4）で簡単に文書が作成できる
- 受講生管理機能で、申し込み状況、進捗管理が可能。

### 自動化に強い、機能の連携ができる

- 決済機能（Stripe、ユニバペイ、アクアゲイツ対応）やアップセル・

分割支払いに対応
- イベントやセミナーの申し込みフォームの自動受付・定員管理機能
- 購入後、ID・パスワードの発行から会員サイトへの案内を自動化
- 申込み受付の通知をメールやChatwork、Slackに自動で通知

## 一元管理で効率化できる

- メディアをアップロードして1TBまで管理できる（月額課金で追加可能）
- パートナー機能で、アフィリエイト報酬を確認・管理できる
- 顧客・受講生管理システムとしても利用可能
- 見込み客の獲得から、興味づけ、ファン化、購入者のフォローアップまで本システム1つだけで一元管理ができる。これにより、オペレーションコスト、外部サービス利用料の削減が見込める。

多機能なUTAGEを本当に活用できるのか不安な方もいるかもしれませんが初心者でも簡単に集客の仕組み化、自動化が実現でき、使えば使うほどメリットを受け取ることができます。

## UTAGEなら、さらにこんなことが叶う！

### 集客を自動化できる

SNSや広告から、メール登録やLINE登録に誘導し、魅力的なコンテンツを自動で配布し見込み客を集めます。

### 価値提供や信頼関係を築きやすい

新規の見込み客を集客し、その方に対して価値提供をして信頼関係を築いた上で、商品を販売することで高額商品も販売できるようになります。無料動画を配布し、視聴率を上げるためにメッセージ配信を行い、しっかりと価値提供。顧客の興味、行動に応じて配信シナリオを分岐させ、サービス案内・クロージングまで誘導します。

### 販売やアップセルが行いやすい

商品管理では、販売したい商品を登録し、管理することができます。

販売ページ、決済ページで単に商品を販売するだけでなく、追加で購入してもらうアップセルで上位のものをおすすめできるほか、クロスセルでこの商品も一緒にいかがですか？　と関連商品の同時購入、追加購入を促す機能も用意されています。セットで販売することで顧客単価の向上に期待できます。

### 「会員サイト機能」でコンテンツを提供できる

コンテンツ購入者向けに、「会員サイト機能」が用意されていますので、購入者に会員専用サイトを使って商品、コンテンツを提供できます。

しっかりと成果を出してもらうことができるので、この商品を購入してよかった！　と購入者の満足度アップにつながります。

### リピート購入を促しLTV（顧客生涯価値）の向上が図れる

商品を買って喜んでくださった方が、次の商品が欲しくなる流れを会員サイト上で作り、次のリピート購入を促すことができます。

会員サイトで未購入の商品に誘導するリンクを設定し、自然と購入を促します。購入者限定のメルマガ、LINEメッセージ送信で、リピート購入につながる機会を作ることもできます。

SECTION 1-02

# マーケティングファネルとは？

UTAGEの魅力を理解するには、まずマーケティングファネルの理解が必要になります。

## 見込み客の行動プロセスを可視化したファネル

見込み客が商品サービスを見つけて認知し、メルマガ、LINE登録をして興味関心を持ち、比較検討しながら最終的に商品を購入するまでの流れをマーケティングファネルといいます。

日本語で言うとファネルは、漏斗（ろうと）。主に液体などを別の容器に移し替えるときに使う道具で、集客から購入に至るまで徐々に人数が絞り込まれていく様子が似ています。

マーケティングファネルは、認知（Attention）→興味・関心（Interest）→比較・検討（Desire）→行動・購入（Action）というプロセスで構成されています。

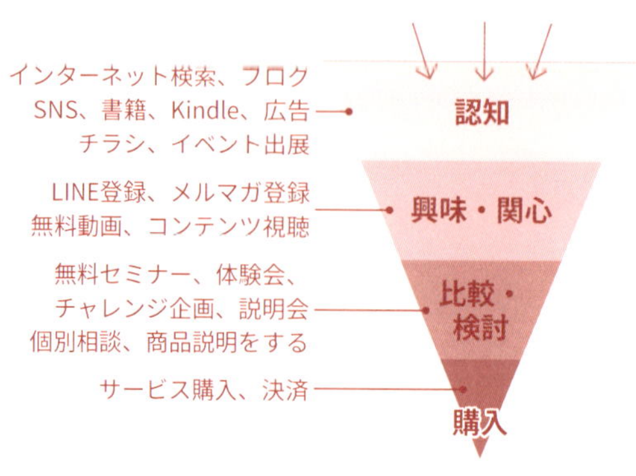

UTAGEでは、このマーケティングファネルに沿って、集客から販売までを仕組み化することができます。マーケティングファネルの流れに必要なページを手軽にたくさん作成できますからマーケティング初心者でも簡単に実践でき、素早く売上目標を達成させることができます。

売上を上げるには、認知から行動、購買まで、どれだけの方が離脱せず進んでくれるのかを考慮し、最終申込み率を上げていくことが重要になります。見込み客が次のフェーズに進まずに途中でストップ・離脱すると購入に至らないという結果になります。そのためにも、自身の商品サービスに合ったマーケティングファネルを計画し、準備を進めていきましょう。

SECTION

# 03 UTAGEを今すぐ始めるべき5つの理由

UTAGEの知識ゼロからでも今すぐ始めるべき理由が5つあります。今、使用しているツールがあるなら、それらと比較してみてください。

## 1.マーケティングの仕組み化の限界を突破できる

自動化せず自分の稼働時間のみで、売上を最大化するには限界があります。でもUTAGEを利用すれば、スタッフを数人雇用するのと同様のパフォーマンスが365日得られます。

たとえば、申し込みから決済、Zoomリンクの発行、個別相談の日程調整までを一旦自動化してしまえば、あなたは相談の時間にPCを起動し、Zoomリンクをクリックするだけで済みます。

「もっと楽になったらいいのに、でもこれ以上がんばるのは無理」と思っていた自分の限界を軽やかに突破できるでしょう。

## 2.LP作成に便利なテンプレートが豊富

ランディングページ（LP）のデザイン費用の相場は、数十万〜になりますが、そんな多額の費用をかけなくても、パーツを組み合わせるだけでデザイン性のあるLPが作成できます。

使用用途に合わせたテンプレートが豊富に揃っているため、デザイン費用を大幅に節約できるのもメリットのひとつ。さらに、成果の出たファネルを「シェアファネル」としてクライアントに渡したり、受け取ったりできます。それをアレンジすれば、誰でも簡単に魅力的で集客力のあるLPを作成でき、成約率を高めることができます。

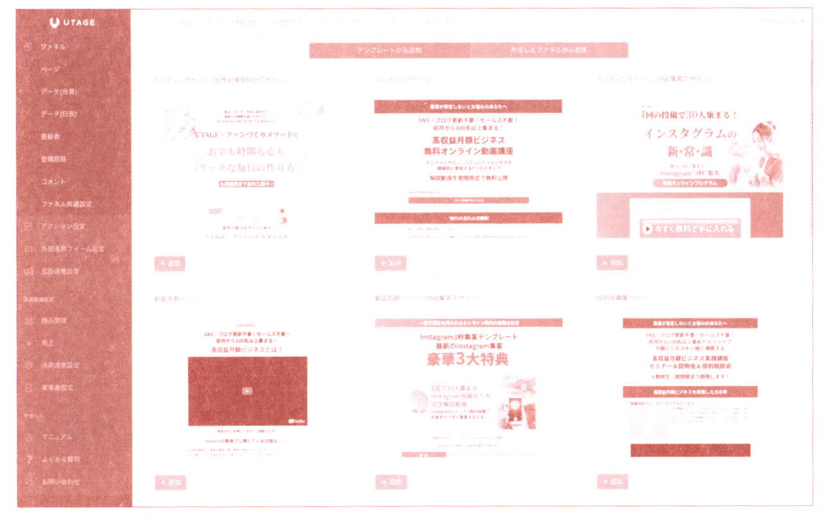

LPのサンプル例

## 3.プロ並みのサイトが自分で作れる

無料のツールで、なんとか済ませようとしていた人の中には、デザインセンスがイマイチで、納得がいかなかった方もいるのではないでしょうか。しかし、このシステムがあれば格段に見栄えよく、自分の世界観を表現できるようになります。サイトのブランディングに沿った色やデザインを反映させ、見栄えの良いサイトを短期間で仕上げることができるので、外注費用を抑えながら、質の高いサイトを維持できます。

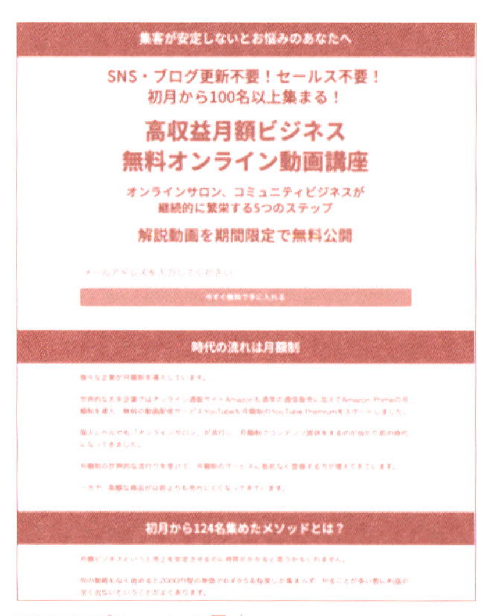


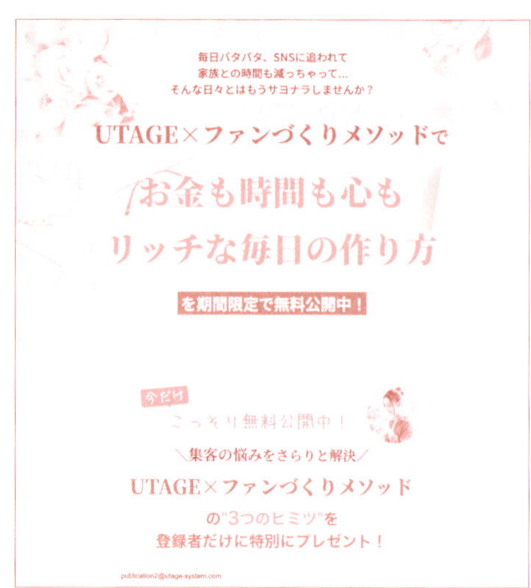


LPテンプレートの見本

また、パーツを追加しながら直感的に操作ができ、洗練されたデザインのページを短時間で完成させることが可能になります。

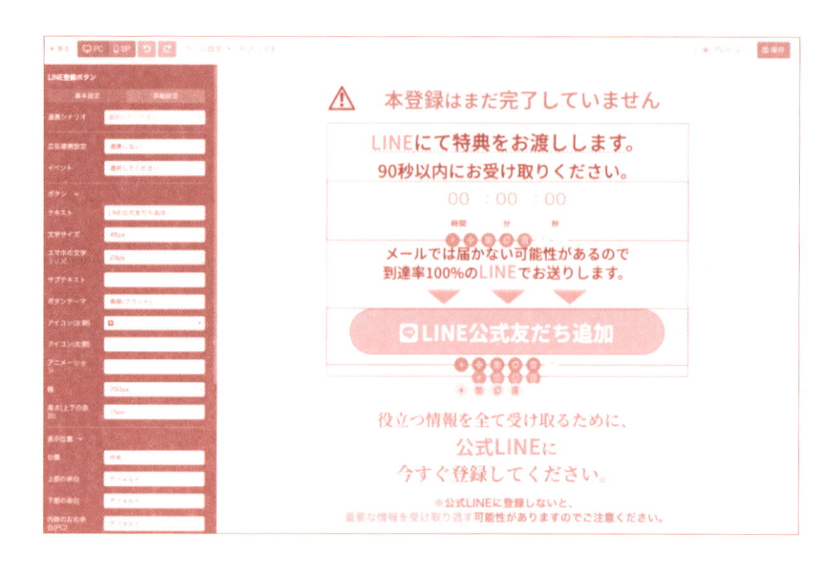

### 4.時間の自由、余裕が生まれる

UTAGEでは、顧客フォローやサポート業務を自動化できる便利な機能があり、細やかなサポートを行いつつ、対応漏れを防げるので、顧客満足度を向上させることが可能です。決済業務、事務処理を代行してくれる秘書がいる感覚で、事務処理の時間から開放されます。

もっと家族と過ごしたい、自由にやりたいことがやれる時間がほしいと思っていた人も、空いた時間を顧客サポートや、新しいコンテンツの開発、次の売上を作る計画など、これまで先延ばしにしていたことにすぐに取りかかれるようになるでしょう

### 5.ビジネス全体のパフォーマンスを測定・改善できる

UTAGEには、顧客の行動データや成約率、各種コンテンツのアクセス履歴など、ビジネス全体のパフォーマンスを可視化する機能があります。数値をチェックしながら、ファネルやLPの効果を確認し、改善を繰り返すことで、顧客満足度を向上させ、売上の最大化に繋げることが可能です。仮説ではなく、実際のデータに基づいた判断ができるようになるので、確実にPDCAが回せます。

SECTION

# UTAGEを使ってみよう

それでは、実際にUTAGEを触りながら理解していきましょう。
14日間無料でお試しができるので、実際の画面を触ってみましょう。

## UTAGEにログイン

❶14日間無料お試しのQRコードを読み込み、UTAGE14日お試し参加フォームにアクセスします。

UTAGEを14日間お試しできるQRコードはこちら

❷フォームに必要事項を入力します。

注文確定ボタンを押すと、登録したメールアドレスへログイン情報が送られてきます。初期設定のパスワードは後から任意のものに変更できます。

❸ログイン情報を入力してログインします。

送られてきたログイン情報を入力し、ログインボタンを押してください。

❹UTAGEのダッシュボードが表示されます。これでログイン完了です。

細かな初期設定などは、『UTAGE実践マニュアル　ファネル編』を参考にしてみてください。

CHAPTER
2

# 会員サイトを理解する

2

SECTION 2-01

UTAGE

# UTAGEの会員サイトとは？

会員サイトでは、販売したいあなたのコンテンツを体系化して提供することができます。単体のコースや講座などを受講生に段階的に学んで欲しいという人に最適です。

## 会員サイトでできること

会員サイトでできることについて、主要なものをまとめました。

- 講義動画、アーカイブ、PDF、各種リンクを掲載できる
- 購入後の会員サイトのアカウントIDとパスワードを自動発行できる
- ID・パスワードを発行せずに会員サイトを解放できる（無料講座などに活用可能）。
- 購入済み商品以外に、未購入の商品を並べてみせることができ、次の販売に繋げられる。
- 次に販売したい商品のリンクを掲載し、アップセルやクロスセルに誘導できる
- 受講生の受講状況を管理できる
- 受講生が視聴すると受講済みステータスになり、受講管理ができる
- 受講生に対して、情報の一斉配信ができる
- コンテンツを解放するタイミングを自由に設定できる

SECTION

# 2-02 UTAGEでの会員サイトの位置付けと役割について

UTAGE

UTAGEにおける会員サイトはどんな位置付けになるのでしょうか。マーケティングファネルに沿って、UTAGEの全体像と会員サイトの位置付けや役割を理解しましょう。

## マーケティングファネルに合わせてUTAGEを構築

会員サイトを活用する上で意識したいのは、1章で触れたマーケティングファネルです。下の図は、１章で説明したマーケティングファネルの流れに合わせて、どのようにUTAGEシステムを構築していけばいいかを可視化したものです。

図では、「セミナー開催をして個別相談で成約をとる」というベーシックな流れを構築するという想定で説明していきます。

| マーケティングファネル | 認知 | 興味・関心 | | 比較・検討 | 行動・購入 | 利用 | |
|---|---|---|---|---|---|---|---|
| UTAGEフロー | 集客 | 価値提供・信頼関係 | | 販売 | 決済・アップセル | コンテンツ提供 | 口コミ・紹介 |
| 顧客の行動 | SNSや広告で見てリンクタップ | LINE登録メルアド登録<br>セミナー申込 | セミナー参加 | 個別相談申込<br>個別相談参加 | 申込<br>商品購入 | サービス利用<br>講座受講<br>リピート購入 | 口コミ<br>紹介 |
| UTAGE機能 | ファネル<br>オプトイン<br>ページ | LINE<br>メールステップ<br>動画視聴<br>ページ | セミナー<br>説明会<br>アーカイブ<br>視聴ページ<br>イベント作成 | 個別相談<br>個別予約 | 決済ページ<br>登録フォーム | 会員サイト | パートナー<br>機能 |
| シナリオ配信 | オプトイン<br>シナリオ<br>特典受取プッシュ | 特典受取からセミナー誘導シナリオ<br>リマインダ・再視聴 | | 個別相談シナリオ<br>リマインダ | 購入者シナリオ<br>ウェルカム配信<br>スタート案内 | 受講生シナリオ<br>受講フォロー | 卒業生シナリオ<br>リピート販売 |
| 準備するもの | SNS<br>広告<br>既存客リスト | 無料特典<br>登録特典動画 | セミナー資料<br>セミナー台本<br>セミナー<br>参加特典 | 商品説明資料<br>アンケート<br>フォーム<br>審査フォーム | ID・パスワード<br>受講規約<br>キャンセル規定 | サイトマニュアル<br>講座の進め方<br>講座コンテンツ<br>動画コンテンツ<br>受講生管理 | リピート<br>サブスク商品<br>卒業生フォロー<br>アフィリリンク |
| ラベル例 | | ラベル変更<br>オプトイン<br>動画視聴済み | ラベル変更<br>セミナー | ラベル変更<br>相談中 | ラベル変更<br>決済中 | ラベル変更<br>受講生 | ラベル変更<br>卒業生 |
| アクション例 | | LINEメッセージ<br>メール送信<br>シナリオ遷移 | | シナリオ遷移 | LINEリッチ<br>メニューを変更<br>バンドルコース<br>へ登録 | バンドルコース<br>追加 | 継続課金を停止<br>バンドルコース<br>を停止<br>LINEリッチ<br>メニューを変更 |

全体像をわかりやすく理解するために、顧客の行動を視点にしてフェーズに分けて段階的にみていきましょう。

### ＜集客＞フェーズ

最初は、見込み客を集める集客のフェーズです。見込み客は、まずSNSや広告であなたのことを見つけて「リンク」をタップします。表示された「ファネルのオプトインページ」の特別なオファーを見て、LINE登録やメルアド登録を行います。

### ＜価値提供・信頼関係＞フェーズ

登録が完了すると、あらかじめ設定していた「メールやLINEのステップ配信」がスタートし、登録の特典や無料動画が配布されます。

見込み客はこの無料動画や特典を見ながら、あなたのサービスの概要を理解し、価値を感じ、信頼関係を築いていきます。

次にLINEメールから届いたセミナーの案内を見た見込み客は、セミナーに参加します。「セミナー申込フォーム」に申し込み、セミナーに参加して商品の価値を十分に感じた後は、「個別相談フォーム」から相談を申し込みます。

### ＜販売＞フェーズ

個別相談では、しっかりと参加者の悩み・課題をヒアリングし、解決法を伝えます。無理な売り込みをするのではなく、参加者との期待値の調整を行いながら、自分の商品なら問題解決ができることを伝えます。また、「審査フォーム」で審査を通過した人だけを受付することも可能です。

### ＜決済・アップセル＞フェーズ

商品の提案内容に納得していただけたら、申込を受付して、「決済フォーム」の入力をしてもらいます。必要に応じてアップセルなどのオファーを行います。

### ＜コンテンツ提供＞フェーズ

決済が済んだら自動的に会員サイトにログインするための「会員サイト登録フォーム」が申込者に送られます。申込者は名前とメールアドレスを入力すれば、メールアドレスにIDとパスワードが届くので、すぐに会員サイトにログインして学びをスタートすることができます。

### ＜リピート購入＞フェーズ

会員サイトを利用しながら、あなたの商品サービスを十分に活用したお客様は、会員サイトに新たに表示されたリンクや未購入のアイテムを見つけてそれをまた追加購入します。

### ＜口コミ・紹介＞フェーズ

さらに満足してくださった方はパートナー機能を活用して、あなたの商品サービスを広めてくれるようになります。

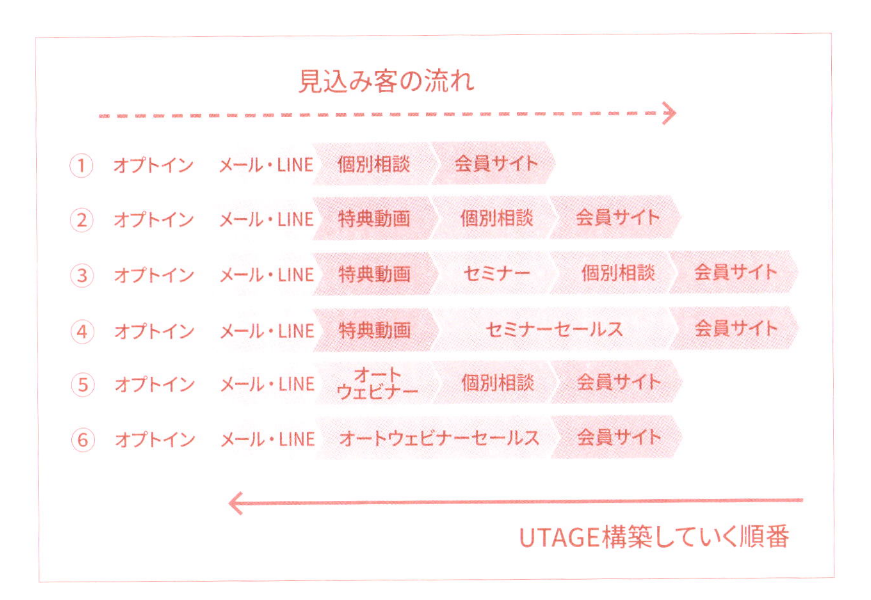

ちなみに、「見込み客の流れ」と「UTAGE構築していく順番」は逆の流れになります。具体的には、会員サイト（提供する商品・サービスのコンセプト設計、企画）を作ってから、オプトインページを作っていくという右から左の流れになります。

## 成約率の高いファネル作りのために

商品コンセプトが決まっていないのにSNS発信から始めようとしたり、特典動画をいきなり作ろうとすると、前後のつながりが切れてしまい、特典動画とセミナーがずれてしまったり、動画から個別相談に誘導するメッセージの訴求がチグハグになってしまうことがあります。

そうなると、広告やSNSのフォロワーにオプトインしてもらっても、個別相談までたどり着いてもらえない、成約しないということが起こってしまいます。

ですから、会員サイトの構築に入る前に、どんなUTAGEファネルを構築するのか①～⑥の構成を確認しておきましょう。

## 会員サイトとコース構成の全体イメージ

マーケティングフローにおける会員サイトの位置付けを理解したら、会員サイトのコース構成について理解していきましょう。

会員サイトでは、お客様が購入したコースの組みあわせ（バンドルコースといいます）にあわせてコースを表示させることができます。

例えば、「ライティング力アップアカデミー」という会員サイトでWordPress、アメブロ、X、電子書籍、ランディングページと５種類のコースがあったとします。

- Aさんは、WordPress、アメブロ、X

- Bさんは、WordPress、電子書籍、ランディングページ
- Cさんは、アメブロ、電子書籍、X

は選んだコースが各自の会員サイトに表示されます。

また、組み合わせでよく売れる場合は、バラバラに販売せずに複数のコースを組み合わせてバンドルコースとして登録しておくと、組み合わせで販売し、割り当てることができます。

例えば、Dさんが「ブログライティング集中」を購入した時に、「WordPress、アメブロ、X」３つがセットになったバンドルコースを設定しておけば、そのバンドルコースを付与するだけでDさんの会員サイトに３つのコースが表示されるようになります。

### バンドルコースとは

複数のコースをまとめたものが、バンドルコースです。

商品は、バンドルコース単位で管理されます。

バンドルコース名は、会員サイト上では表示されません。

【商品管理】メニューの「購入後の動作設定」で「解放するバンドルコース」として設定しておくと、決済が確定した時にバンドルコースが開放されます。操作の詳細は後ほど紹介します。

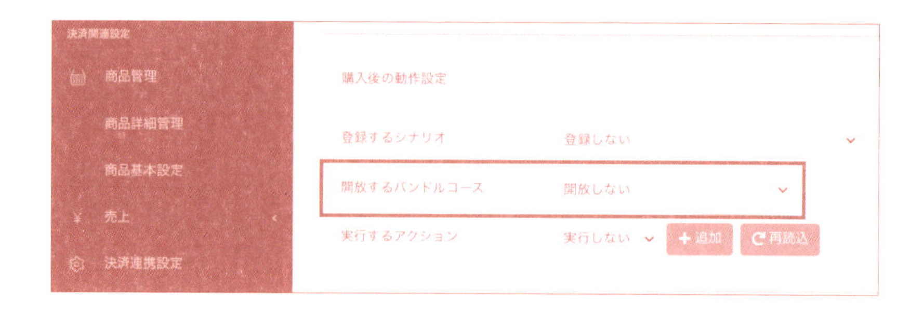


### コース、レッスン、レッスングループとは

コースは、複数のレッスンとレッスングループで構成されます。

レッスングループは、レッスンをまとめた時につける見出しのようなものです。

レッスンは、コースの中の最小単位です。動画などを視聴しながらレッスンを受講し、すべてのレッスングループの受講が終わるとコースが終了になります。

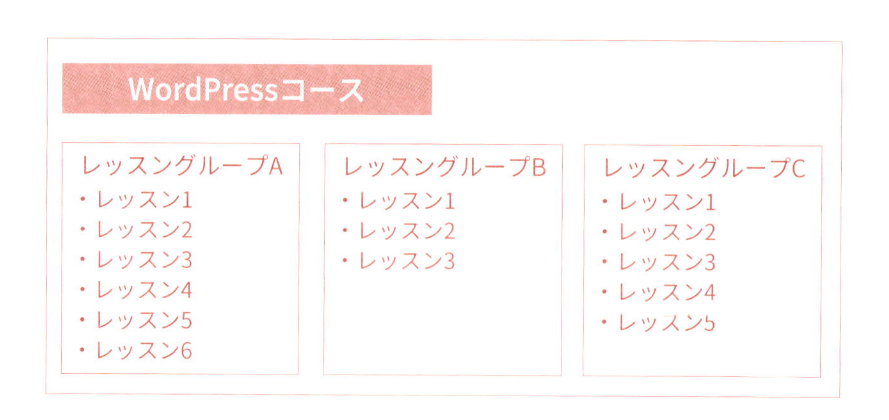

SECTION 2-03 UTAGE

# 会員サイトを作成する手順について

ここからは、さっそく会員サイトの作成手順を確認していきましょう。まだコンテンツが用意できない人でも、ステップ通りにやればUTAGEの会員サイト機能が理解できるようになります。

## 会員サイトを作る7つのステップ

UTAGEの会員サイトには豊富な機能がありますが、コンテンツ（教材）はまだ空っぽの状態です。しかし会員サイトは、ファネルページや、メルマガ・LINE配信が出来上がっていなくても作り始めることができますので安心してください。

本書では、まだコンテンツが用意できていない人でも手を動かせるよう、ステップを考えてみました。これからコンテンツを用意しなければいけない人は、まず会員サイトの操作を一通り理解するところから始めてみてください。

<会員サイト作成の流れ>

- STEP1 サイトを作成する
- STEP2 コースを登録する
- STEP3 レッスンを登録する
- STEP4 メディアをアップロード
- STEP5 登録フォーム作成・テスト
- STEP6 受講生登録・受講スタート
- STEP7 受講生管理

SECTION 2-04

UTAGE

# 会員サイトの メニュー解説について

ここでは、会員サイト機能にあるメニューや画面、設定について確認していきましょう。
実際に手を動かしながら、ひとつずつ確認してみてください。

## サイト一覧メニュー

❶上部のメニューから【会員サイト】メニューをクリックすると会員サイトの一覧が表示されます。サイドメニューの「サイト一覧」をクリックしても同じ画面を出すことができます。

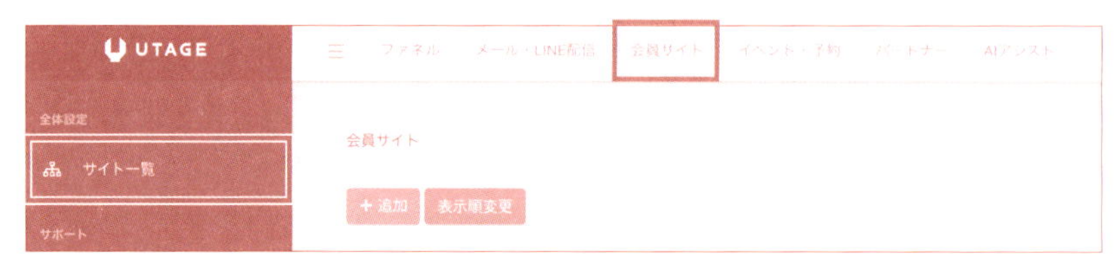


❷「サイト名」の下に作成済みの会員サイトが表示されます（下図では2つのサンプル会員サイトが表示されています）。
会員サイト名をクリックして開くと、設定操作を開始できます。P57の会員サイト新規作成をすると次ページから操作をして一緒に確認できます。

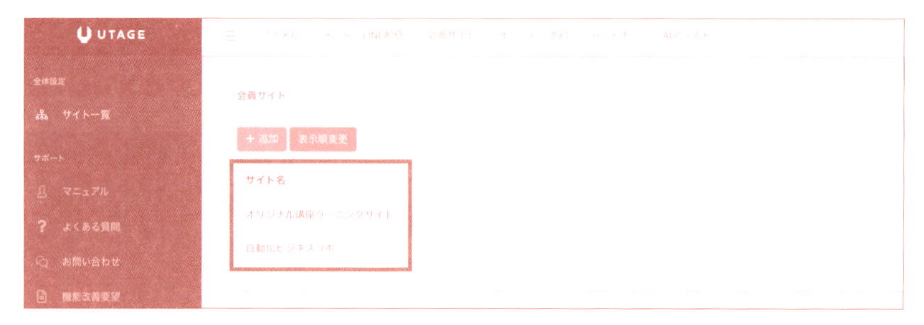

## 「コース」メニュー

❶上部のメニューから【会員サイト】メニューをクリックし会員サイトを開きます。会員サイトを開き、サイドメニューの「コース」をクリックします。または、サイト一覧で、会員サイト名をクリックするとコース設定画面になります。

❷サイドメニューにはコース設定に関する様々なメニューが表示され、コースに関する詳細設定ができます。
今、どの会員サイトを操作しているのかは、左上に小さくサイト名称が表示されます。
今回は、「オリジナル講座ラーニングサイト」のコース設定画面を開いているということになります。

サイドメニューの「サイト設定」メニューをクリックすると「サイト設定」メニューの中には、「基本設定」「決済連携設定」「コースカテゴリ設定」があります。

## 基本設定メニュー

❶会員サイトの「基本設定」を開く

会員サイトの基本設定を変更する場合は、サイドメニューの「サイト設定」を選択し「基本設定」をクリックします。

- **サイト名**：最初に設定したサイト名を変更したい場合はこちらで設定できます。
- **Copyright表記**：会員サイトのフッターにコピーライト表記を挿入する場合は、こちらで設定します。
- **アカウント自動発行時仮パスワード**：会員登録した受講生に一律でパスワードを送付したい場合はこちらで仮パスワードを設定します。

- 「headタグの最後に挿入するJavaScript」
- 「bodyタグの最初に挿入するJavaScript」
- 「bodyタグの最後に挿入するJavaScript」

：JavaScriptの設定ができます。使用する際は、scriptタグを含めて入力してください。※UTAGE画面の注意書き参照

**ログイン不要で会員サイトを全て閲覧させるには？**

「可（全てのコンテンツが利用可能）」を選択します。

これをオンにするとログインしなくてもURLからアクセスすれば会員サイトの全てのコンテンツが閲覧できます。

**ログイン不要で指定したコンテンツのみ閲覧可能にするには？**

「可（指定したコンテンツのみ閲覧可能）」を選択します。

これをオンにすると、ログインしなくてもURLからアクセスすれば指定したコンテンツのみ閲覧できます。

**ログインした人だけコンテンツを閲覧可能にするには？**

「不可（全てのコンテンツでログインが必要）」を選択します。

ログインIDとパスワードを持つ人だけがアクセスできます。

どのコンテンツをログインなしで公開するのかは、コース管理画面で設定できます。

## 決済連携設定メニュー

継続課金商品を契約した方に対して決済連携を設定するかどうか？を選択します。

会員サイトで、課金連動すると、ファネルページ内で連携継続課金商品を契約した顧客が、会員サイト内でクレジットカード情報を変更可能になります。受講生側での課金停止の可否も設定できます。

**❶会員サイトを開き「サイト設定」メニューの「決済連携設定」をクリックします。**

- 「しない」を選択した場合：課金連動はしない設定になります。
- 「する」を選択した場合：課金連動します。

❷「受講生側での課金停止」の操作を「許可する」「許可しない」が選択できます。

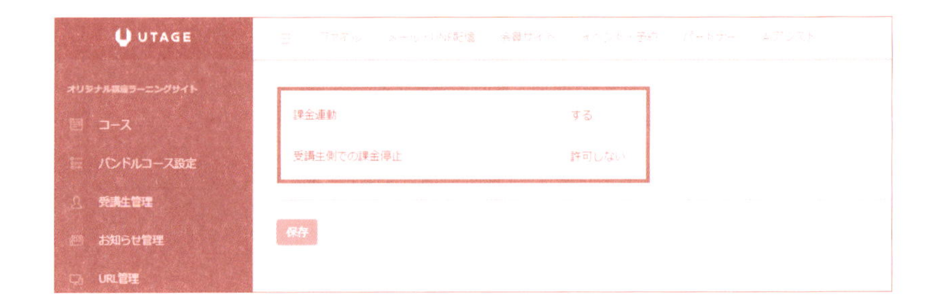


「受講生側での課金停止」の操作で「許可する」を選択すると「課金停止フォーム項目設定」を設定する画面が表示されます。

課金停止を、受講生がいつでも操作できるようになります。その際の課金停止フォームにどの項目を表示させるかをカスタマイズすることができます。

## コースカテゴリ設定メニュー

コースのカテゴリを設定して分類できます。

コースが増えてきたときに、会員サイトのホーム画面でコースを分類してカテゴリ別に表示切り替えできます。

❶サイドメニューの「コースカテゴリ設定」をクリックします。

❷「+追加」ボタンをクリックし、カテゴリ名称を入力します。

### コースを追加・並べ替え変更をするには？

サイドメニューの「コース」メニューをクリックし「+コース追加」ボタンでコースの追加、「並べ替え」ボタンでコースの並べ替えを設定できます。

コースを設定したら、さらにレッスン、レッスングループを作成で

きます。

## バンドルコース設定メニュー

作成したコースを組み合わせ、ひとまとまりにしたものをバンドルコースといいます。２章のはじめにお伝えした通り、１つのコース、複数のコースをバンドルコースに設定しどの生徒に、どのコースの組み合わせを開放するかを指定できます。

**❶【会員サイト】を開き、サイドメニューの「バンドルコース設定」メニューを開くとバンドルコースの設定ができます。**

「バンドルコース名」には、作成済みのバンドルコースが表示されます。

「バンドルコース設定」の「＋追加」ボタンをクリックすると、バンドルコースの追加ができます。

**❷バンドルコース作成の画面で名称などの設定ができます。**

- **バンドルコース名：**バンドルコースの名称を設定します。
- **追加するコース：**すでに作成しているコースがある場合、リストから選択し「追加」ボタンをクリックしてバンドルコースに入れるコースを選択できます。

❸すでに設定されているコースのリストが表示されます。

- **追加するコース：**コースをプルダウンメニューから選択し「追加」ボタンをクリックすることでバンドルコースに追加できます。

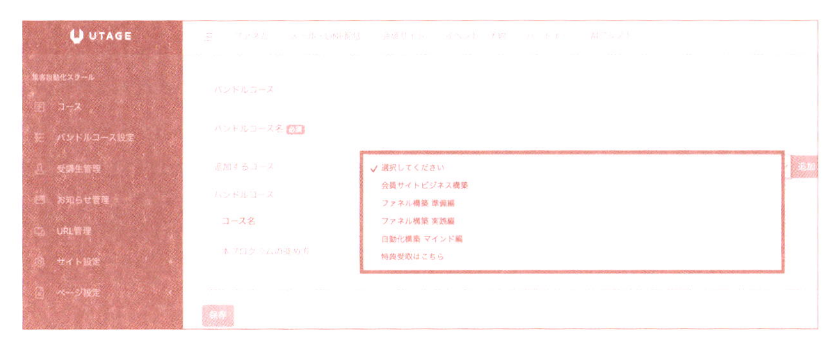


- **コース名：**追加されたコースの一覧が表示され、バンドルコースの中身を確認できます。「保存」ボタンをクリックして保存します。

## 受講生管理メニュー

❶サイドメニューの「受講生管理」から受講生情報を表示できます。

- 表示条件：名前やメールアドレスで受講生を絞り込みできます。
- 受講生管理：受講生を「＋追加」ボタンで手動で追加することができます。

❷受講生の右側にある⋮「操作メニュー」をクリックすると各受講生に対する「操作メニュー」が表示されます。

**TIPS** 一覧要素の右端に表示される小さな３点の「操作メニュー」は、UTAGE操作でこれからよく出てくる便利なメニューですので、ぜひ覚えておいてください。

### 「ユーザー情報編集」メニュー

名前、メールアドレス、ステータス（利用可、利用停止）を変更できます。

### 「登録コース編集」メニュー

受講生のコースを追加、利用停止できます。

**＜コース追加＞**

追加するバンドルコース、追加する単一コースを指定できます。

バンドルコースでも、コース単体で追加ができます。

**＜登録済みのバンドルコース＞**

コース名、登録日、停止日が一覧で表示されます。

**＜登録済みの単一コース＞**

コース名、登録日、停止日が一覧で表示されます。

❸さらに、コース名の右端の「操作メニュー」をクリックすると、登録日編集、停止、登録解除から、追加済みのコースの設定を変更で

きます。

## 「受講状況」メニュー

「受講状況」でコース名称、ステータスが「○%完了」と表示されます。

操作メニューをクリックし「詳細」をクリックすると、受講生がどのレッスンを受講したかがわかります。

## 操作履歴メニュー

操作した日時、情報（受講完了、ページアクセスなど）レッスン名が表示されます。受講生が何の操作をしたのか確認できます。

## 削除メニュー

登録済みの受講生を削除できます。

一度削除すると元に戻せませんので、再確認の上削除してください。

## お知らせ管理メニュー

❶サイドメニューの「お知らせ管理」メニューを開くと会員サイトにお知らせを追加できます。

勉強会のお知らせや、会員サイトのアップデート、などを表示させます。「＋追加」ボタンをクリックし、お知らせをホーム画面に追加できます。

- **タイトル**：お知らせのタイトルを簡潔に入力
- **種類**：編集形式を、リッチテキスト、コンテンツエディターで選択
- **内容**：お知らせの内容を入力
- **ステータス**：公開、下書きを選択
- **公開日時**：お知らせの表示を公開する日時を指定

❷「保存」ボタンをクリックして保存すると、一覧に追加されます。

● 重要：お知らせを公開設定しただけでは、表示されません

お知らせを表示させるには、サイドメニューの「ページ設定」から「コースページ」を開き、<コース一覧(トップページ)設定>の「お知らせ」を「表示する」に変更してください。

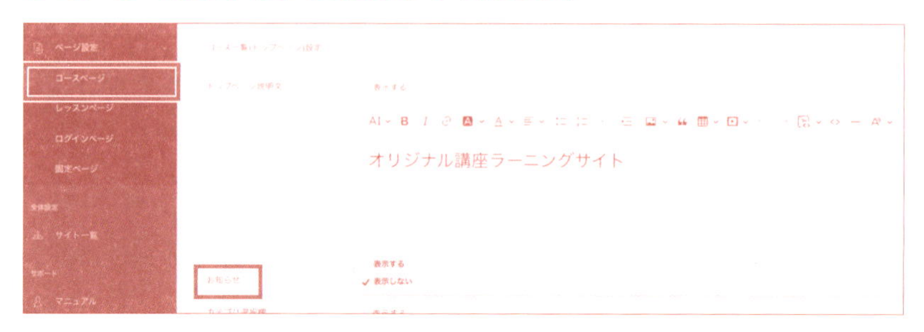


● お知らせの表示結果を確認するには？

サイドメニューの「URL管理」メニュークリックし「プレビューURL」を開くとお知らせの設定反映を確認できます。

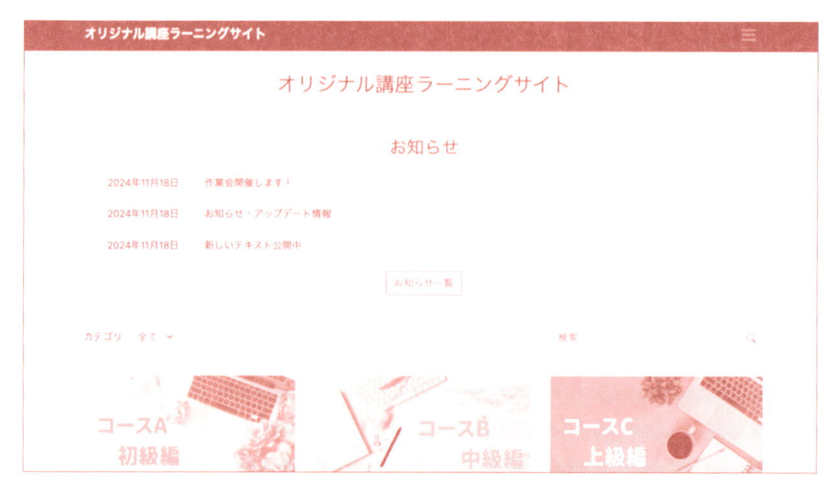

## URL管理

❶サイドメニューの「URL管理」メニューを開くと会員サイトにアクセスするURLを取得できます。

- ログインURL：ログイン画面にアクセスするためのURLを取得できます。「開く」を押すとログイン画面を表示して確認できます。
- プレビューURL：会員サイトのホーム画面にアクセスするためのURLを取得できます。

**TIPS** ログインなしで、会員サイトを公開したい場合は、「プレビューURL」を共有します。無料特典として、会員サイトを公開したい時などに活用できます。

## ページ設定メニュー

❶サイドメニューの「ページ設定」メニューをクリックするとさらに４つのメニューが現れます。

「コースページ」「レッスンページ」「ログインページ」「固定ページ」でページの詳細を設定できます。

### 「コースページ」メニュー

コースページのヘッダー設定、コース一覧（トップページ）設定、フッター設定ができます。

### ＜ヘッダー設定＞

ヘッダー色、ヘッダー文字色、サイトロゴ画像、ヘッダーメニューの詳細を設定します。

### ＜コース一覧（トップページ）設定＞

トップページ説明文、お知らせの表示、カテゴリ選択欄、検索欄、背景色、コース名の文字サイズ、コースの表示形式を設定できます。

### ＜フッター設定＞

フッター色、フッター文字色、フッターメニューを設定できます。

## ●「レッスンページ」メニュー

レッスンページ設定では、レッスン一覧の表示形式、完了ボタンを押した後の操作を設定できます。

### ＜レッスン一覧の表示形式＞

**レッスン一覧の表示形式：**同一グループのレッスンのみ表示、全てのレッスンの表示を設定できます。

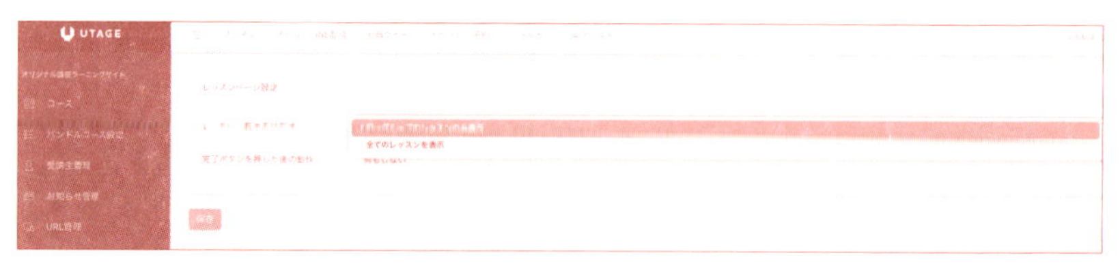


**完了ボタンを押した時の操作：**「何もしない」「次のレッスンへ遷移」から選択できます。

### 「ログインページ」メニュー

ログイン画面の、全体の背景色、中央枠内の背景色、サイトロゴ画像、フッターメニューを設定できます。

- **全体の背景色：**ログイン画面の後ろの背景色を指定できます。
- **中央枠内の背景色：**ログイン画面の枠内の背景色を指定できます。
- **サイトロゴ画像：**好みのサイトロゴ画像を設定できます。
- **フッターメニュー：**「利用する」を選択するとリンク挿入できます。

固定ページ、指定したURL、お知らせにジャンプするための設定ができ、「メニュー表記」では表記させたい名称を指定できます。

「プレビュー」ボタンをクリックすると、デザインを確認できます。

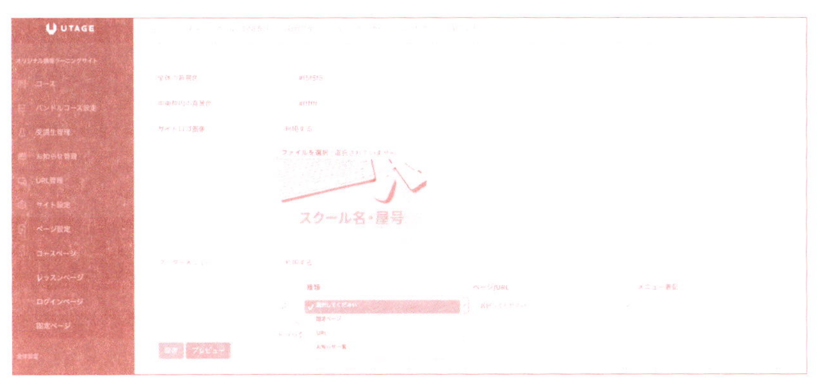


### 「固定ページ」メニュー

固定ページを作成して、会員サイトホーム画面に表示させることができます。

「＋追加」ボタンをクリックして固定ページを追加できます。

必ずみてほしいご案内を設定しておくことで、受講生をナビゲートできます。

固定ページは、独立したURLを持ちます。

- **タイトル：**わかりやすい名前を設定します。
- **種類：**リッチテキスト、コンテンツエディターから選択できます。
- **内容：**固定ページの内容を入力して追加します。
- **ステータス：**公開、下書きから選択できます。
- **公開範囲：**限定公開（ログインした時のみ表示可）、公開（ログインしてなくても表示可）から選択できます。

固定ページはそれぞれでURLを保持しています。「操作メニュー」から「プレビュー」で表示した時にページ上部に表示されるURLを配布すると、固定ページに直接アクセスできます。

**TIPS** URLを配布してそのページだけを会員に見せることができるので、重要な連絡、情報を集約して記載してシェアするのに役立ちます。工夫次第で会員のモチベーションアップや、フォローアップに活用できます。

作成された固定ページは、一覧に表示されます。

各お知らせの「操作メニュー」から、「編集」「プレビュー」「削除」を行えます。

**TIPS** **会員サイトを操作するときのポイント**

- 操作をしたい対象を（会員サイト、コース、レッスン）をクリックしてから操作することで、選択したものに応じたメニューが表示されます。
- 操作に変更を加えた場合は、最後に「保存」ボタンをクリックして保存してください。
- 操作結果を確認するには、「URL管理」からプレビューURLを開いて更新結果を確認してください。

SECTION 2-05 UTAGE

# 会員サイトの設計図を作ってみよう

UTAGEの【会員サイト】メニューを使って、あなたのコンテンツを会員サイトにアップロードして販売する準備をしていきます。

## 会員サイトのコンセプトを固める

UTAGEには、様々なツールがありますが、それを動かしていくのは、あなたの想い、アイディア、コンテンツとなります。それがなければUTAGEの中は空白の状態です。

売れ続ける会員サイト、商品・サービスを届ける場所を作っていくために、最初に、あなたの会員サイトの設計図、いわばコンセプトを作りましょう。

これから、作ってみたい会員サイト名、コース、レッスンを書き出してみましょう。

＜コンセプト固めのための項目＞

- 誰のためのどんな会員サイト？　何を提供する？
- 会員サイト名を決める
- 作成するコース名
- 作成するレッスングループとレッスン名と構成
- コースをまとめるバンドルコース名
- お知らせに表示したい内容など

SECTION 2-06

UTAGE

# 会員サイトを作成しよう

早速、会員サイトを作成してみましょう。ファネルや、メール・LINE設定が終わっていなくても会員サイトは独自に作成できます。

## 会員サイトを新規作成する

ここからは、仮の名称で会員サイトを作成していきます。

P56で、名称などが作成できた方はそれを使用して進めていただいてOKです。まだ決まっていない方は、操作演習を見ながら、適宜名前をつけて進めてください。

ここでは「集客自動化スクール」という名前の会員サイトを作成します。

❶【会員サイト】メニューをクリックし「+追加」ボタンをクリックし会員サイトを新規作成します。

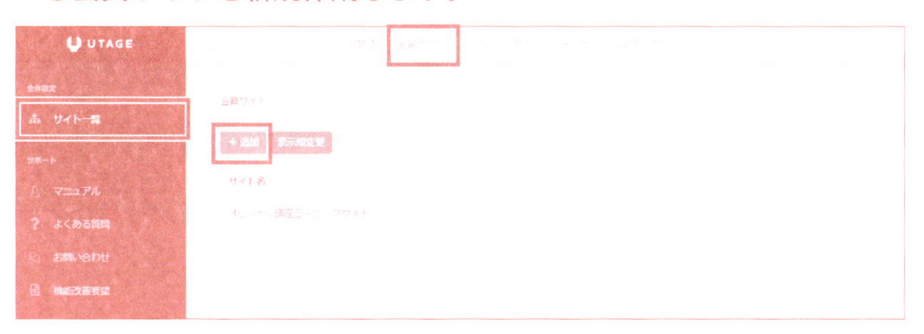

❷「サイト名」を入力する欄が表示されます。

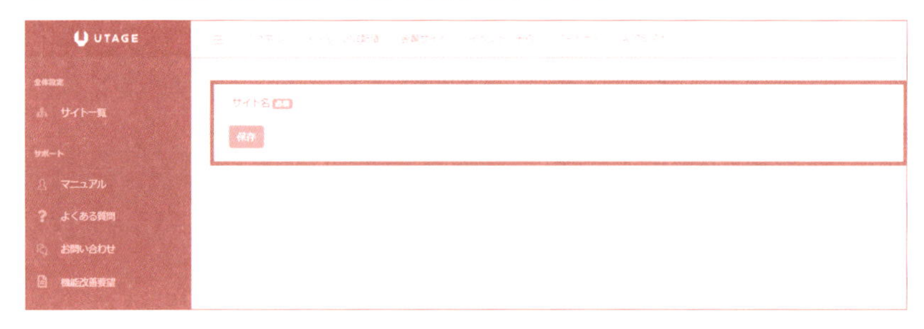


❸「集客自動化スクール」とサイト名を付けて「保存」ボタンをクリックして保存します。

❹会員サイトが新規追加されました。

「サイト名」の中に「集客自動化スクール」が新規作成されたことを確認しましょう。

## 作成した会員サイトのURLにアクセスする

作成した会員サイトには、URLが割り振られています。

❶「サイト一覧」で先ほど作成したサイト名をクリックして選択します。

❷左のサイドメニューから「URL管理」をクリックします。

- ログインURL：ログイン時のURLにアクセスできます。
- プレビューURL：サイトのホーム画面にアクセスできます。

❸それぞれ「開く」ボタンをクリックすると会員サイトのプレビューを表示できます。

プレビューURLの「開く」ボタンをクリックして、「集客自動化スクール」のホーム画面を表示してみましょう

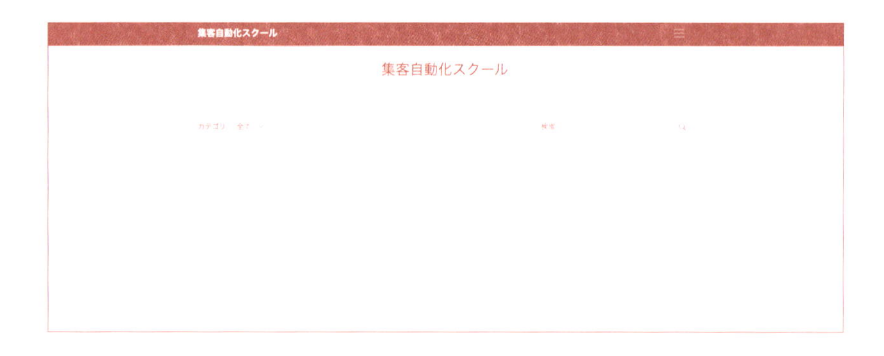


## 作成した会員サイトのログインURLにアクセスする

❶ログインURLの「開く」ボタンをクリックして、
「集客自動化」スクールのログイン画面を表示してみましょう。

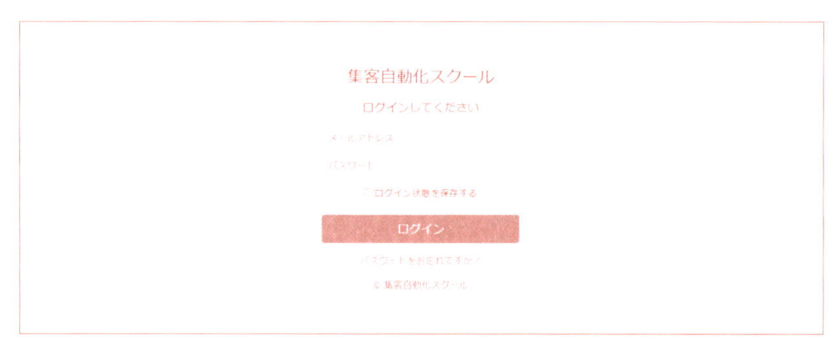


## 会員サイトをコピーする

❶【会員サイト】メニューをクリックし、サイト一覧を表示します。
❷表示された会員サイト名の右側の「操作メニュー」をクリックします。
選択した項目に応じた操作メニューが表示されます。

❸コピーをクリックすると、会員サイトを複製できます。

「集客自動化スクール」を複製してみましょう。

❹「集客自動化スクール_コピー」が複製できました。後から好きな名前に変更して、利用することができます。

**TIPS** すでに作成した会員サイトをテンプレートとして活用したいとき、バックアップを取りたいときに有効です。

## 会員サイトを削除する

❶「サイト一覧」メニューをクリックし、サイト一覧を表示します。

❷削除したい会員サイトを選択し、「操作メニュー」をクリックします。

複製した「集客自動化スクール_コピー」を削除してみましょう。

❸「削除」をクリックすると確認メッセージが表示されます。

❹「削除」と入力して「削除」ボタンをクリックすると、会員サイトを削除できます。

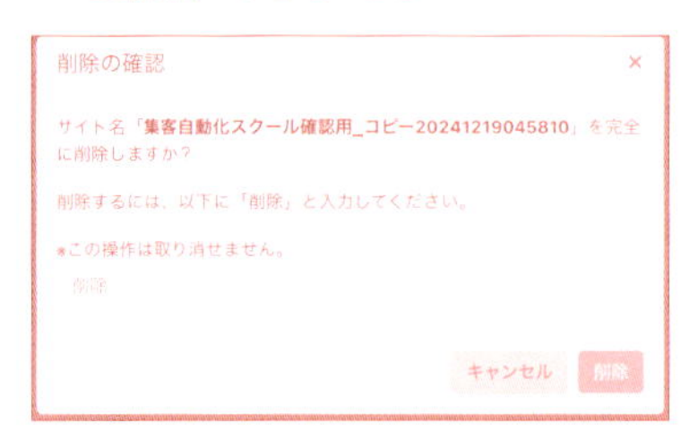


**TIPS** 実際の操作で会員サイトを削除するときは、誤って削除しないように操作には十分に注意しましょう！

## 会員サイトの表示順を変更する

会員サイトが増えてきたら、ファネルごとに分類したり、表示順を変更して見つけやすく並び替えられます。

❶会員サイト1、会員サイト2を追加作成してみましょう。

❷「表示順変更」ボタンをクリック

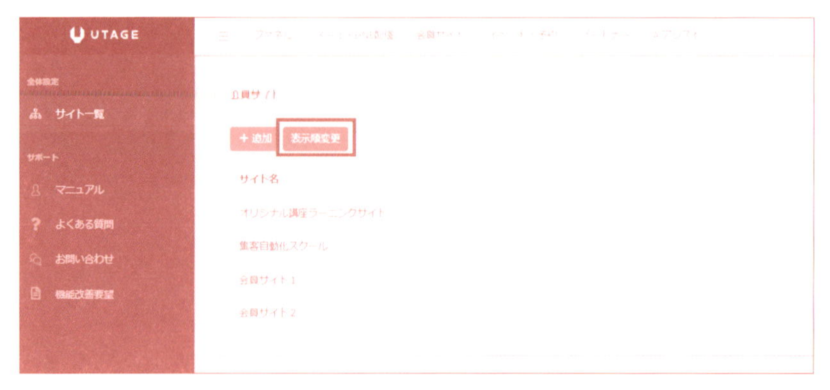


❸⇅が先頭に表示されます。これでサイト表示順が変更できるようになりました。

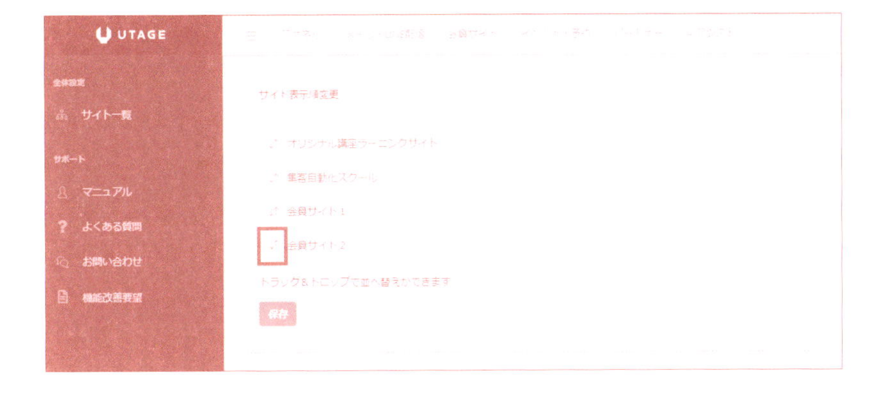


❹変更したいサイト名にマウスポインタを合わせてドラッグ&ドロップして順番を入れ替えます。

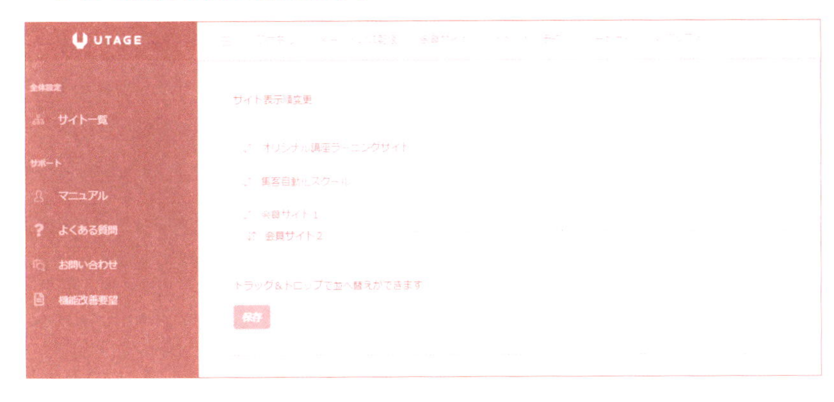


❺順番を入れ替えることができました。最後に「保存」ボタンをクリックし変更を保存しましょう。

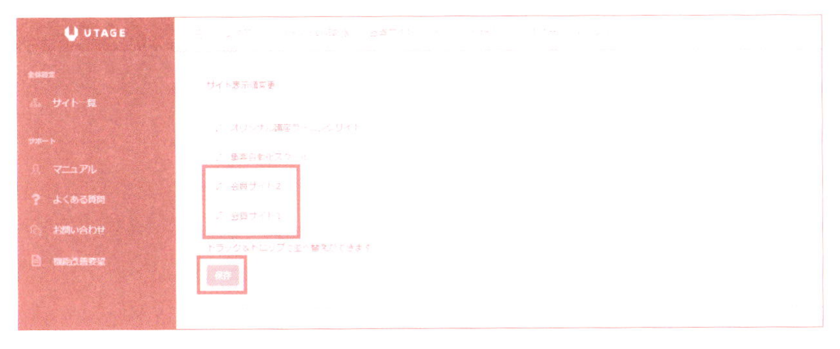

表示順を変更して保存することができました。

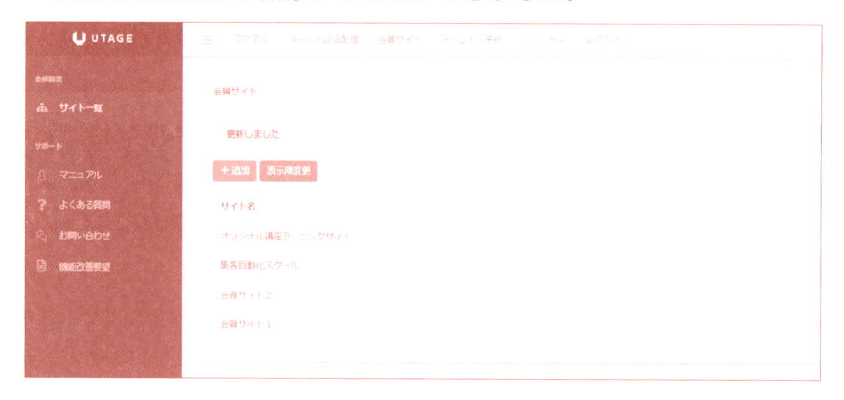


表示順序を自由に入れ替えられることを確認しましょう（作成した会員サイトは削除せずに次に進みます）。

## 会員サイトのサイト名を変更する

作成した会員サイトのサイト名を変更してみましょう。

❶変更したい会員サイト名をクリックして開きます。
❷サイドメニューの「サイト設定」メニューから「基本設定」を開きます。
❸サイト名を変更し、「保存」ボタンをクリックします。

## Copyrightの設定・編集をする

コピーライトの表記は、特に設定していなければ「©会員サイト名」で自動表記されます。この表記は自由に変更することができます。

<ログイン画面のフッターに表記されたとき>

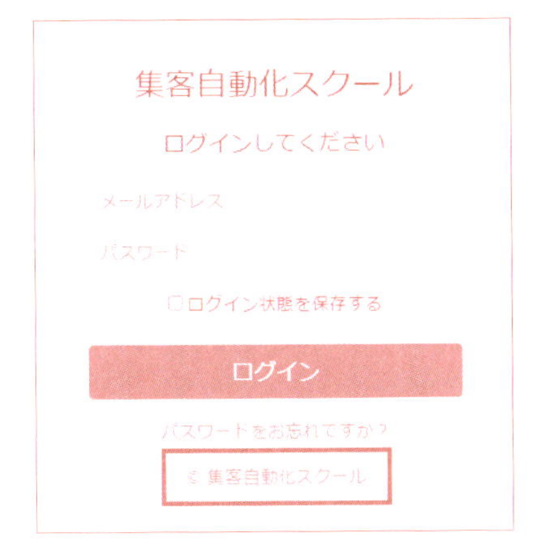


<会員サイトのフッターに表記されたとき>

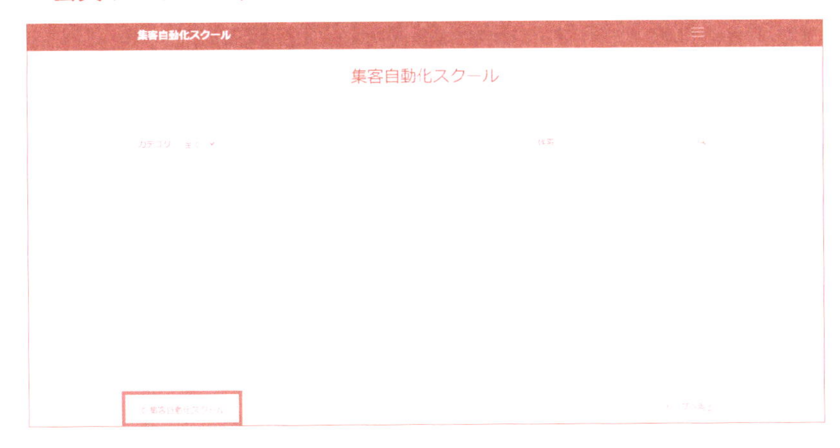


### コピーライトの表記は必須？

コンテンツが発行された時点で著作権が有効になるので表記は必須ではありません。でも、フッターに表記があった方が、誰の著作物が一目でわかります。

万国著作権条約に、表記の方法について書かれていますので、詳しく知りたい方はネット検索して確認してください。

●コピーライトの表記には、３つの要素を記載します。

１コピーライトマーク

２著作物の発行年

３著作者名（会社名、屋号、自分の氏名、ニックネーム）

●コピーライトマークの入力方法

「コピーライト」とキーボードから入力して変換すれば、変換候補に出てきます。©、Copyright　などを、先頭に追加しましょう。

自分を例に、コピーライトを設定してみましょう。

❶「サイト一覧」から会員サイト名をクリックして開きます。

サイドメニューの「サイト設定」メニューから「基本設定」を開きます。

「Copyright表記」に入力して、「保存」ボタンをクリックします。

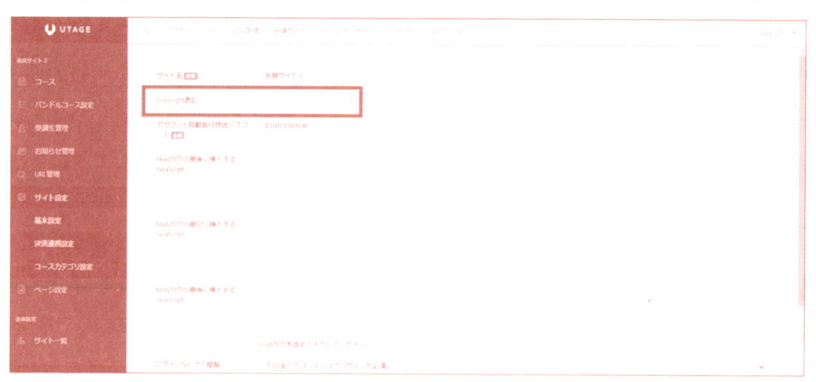


❷設定ができたら、ここまでの操作の仕上がりをプレビューして確認してみましょう。

【会員サイト】メニューから今作った会員サイト名をクリックして開きます。

❸サイドメニューの「URL管理」をクリックします。

❹「プレビューURL」の「開く」ボタンをクリックして、仕上がりを確認しましょう。会員サイトのフッターにコピーライトがうまく表記されましたか？

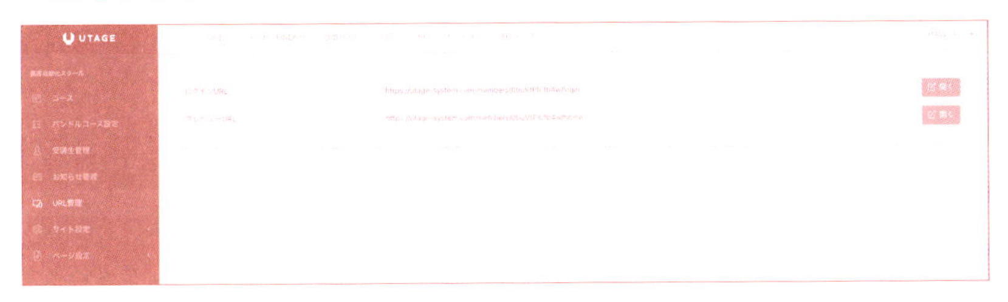


## ログインページのデザインをカスタマイズする

次にログインページのデザインをカスタマイズしましょう。

❶【会員サイト】を開きます。サイドメニューの「ページ設定」メニューから「ログインページ」をクリックします。

❷「全体の背景色」の#から始まる数字アルファベットをクリックし、表示されたカラーパレットから、任意の色を選択します。

「全体の背景色」とは、中心のログインウィンドウ以外の部分です。自分のブランドカラーに合ったものを選ぶようにしましょう。

❸背景色を任意の色に変更してみましょう。

「中央枠内の背景色」で変更可能ですが、デフォルトの「#ffffff」など、淡い色に設定にしておく方が見やすいです。

❹保存後、「プレビュー」ボタンをクリックして変更内容を確認しましょう。

サイドメニューからも同様にプレビューを確認できます。

❺サイドメニューの「URL管理」メニューを選択します。

「ログインURL」の「開く」ボタンをクリックして、仕上がりを確認しましょう。

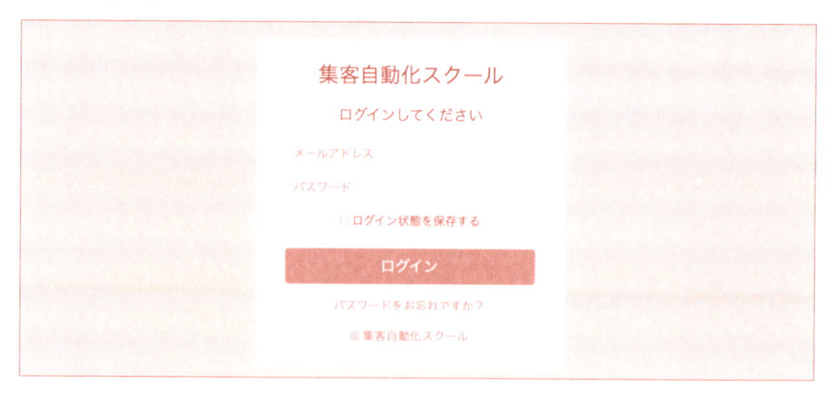


ここまでの操作の仕上がりをプレビューして確認してみましょう。

## サイトロゴ画像を設定する

会員サイトのイメージに合うサイトロゴ画像をログイン画面に設定

しましょう。

❶サイト一覧から、変更したい会員サイトをクリックします。

サイドメニューの「ページ設定」から「ログインページ」メニューを選択します。

❷「サイトロゴ画像」で「利用する」を選択します。

会社のロゴやサービスのロゴ、イメージ画像などを設定します。

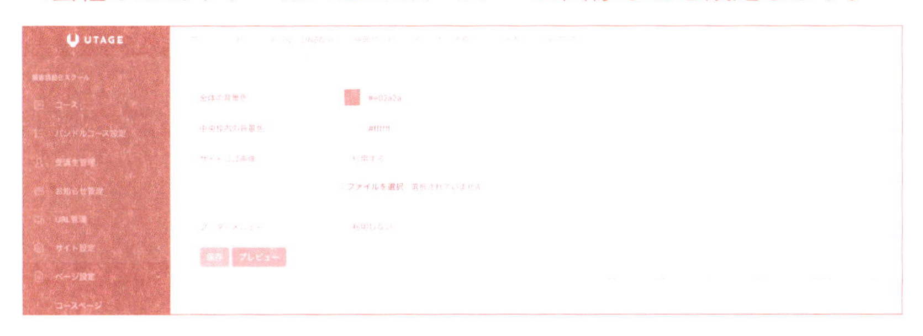


❸「ファイルを選択」ボタンをクリックし、挿入したい画像を選択します。画像が挿入できたら「保存」ボタンをクリック。

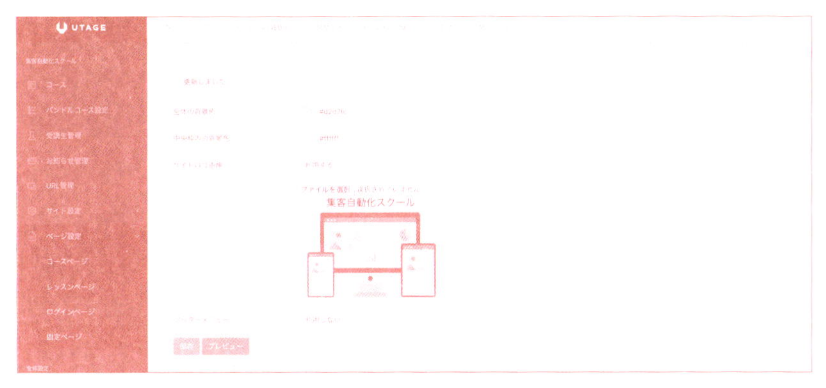


❹「プレビュー」ボタンをクリックし、変更結果を確認しましょう

サイトロゴを設定すると最初に設定した「会員サイト名」は非表示になります。

画像だけだと、名称がわからなくなるので、名称を挿入した画像を利用し自身のブランドをアピールしましょう。

## アカウント自動発行時の仮パスワードを設定

先程作成したログイン画面から、ログインする時に使用する仮パスワードを設定しておきましょう。仮パスワードとは、共通で利用できるパスワードのことで、最初に始めて会員サイトにログインする時に使用します。ユーザーは、そのパスワードで各自ログインができるので、すぐに会員サイトの利用を開始できます。

**❶「会員サイト一覧」から今作った会員サイト名をクリックして開きます。**

**❷サイドメニューの「サイト設定」メニューから「基本設定」を開きましょう。**

「アカウント自動発行時仮パスワード」に、任意の文字列を仮パスワードとして設定しましょう。

仮パスワードを好きな文字列を入力して設定してみましょう。

例）abc123など　あまり複雑でないものの方が、入力間違いを減らせます。

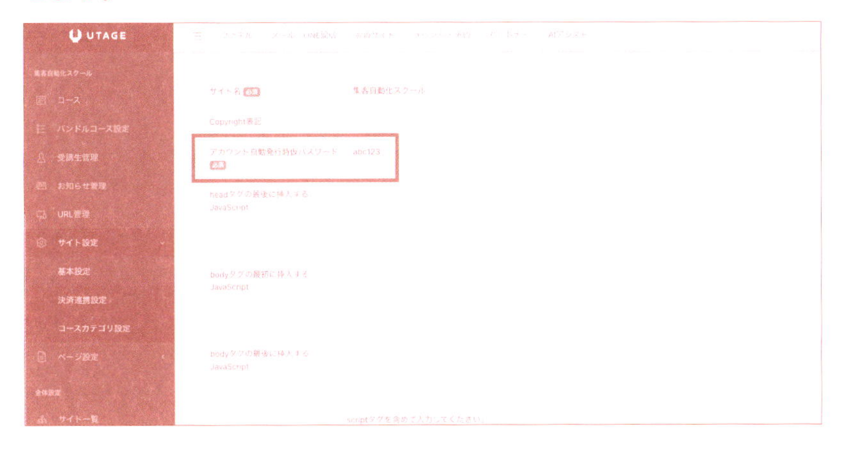


「会員サイトにログインできない」という問い合わせが増えないための対策として仮パスワードを設定しておくのですが「ログインできない時はパスワードをリセットしてください」など案内をしっかりしておくと、問い合わせ対応の手間を減らせます。

## コースのカテゴリを設定する

コース作成時にカテゴリを設定して、ホーム画面でカテゴリごとに表示切り替えができるように設定します。

❶「会員サイト一覧」から、今作った会員サイト名をクリックして開きます。
❷サイドメニューの「サイト設定」メニューから「コースカテゴリ設定」を開きましょう。「＋追加」ボタンをクリックして新規作成します。

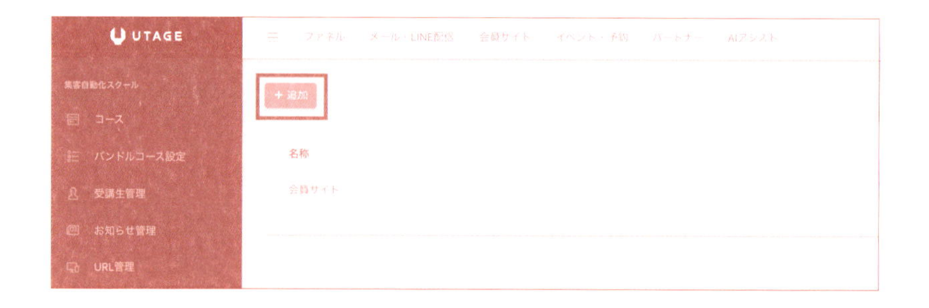


❸「名称」にカテゴリ名を入力し「保存」ボタンをクリックします。
コースカテゴリを３つ設定してみましょう。
例）会員サイト、ファネル構築、マインド編など

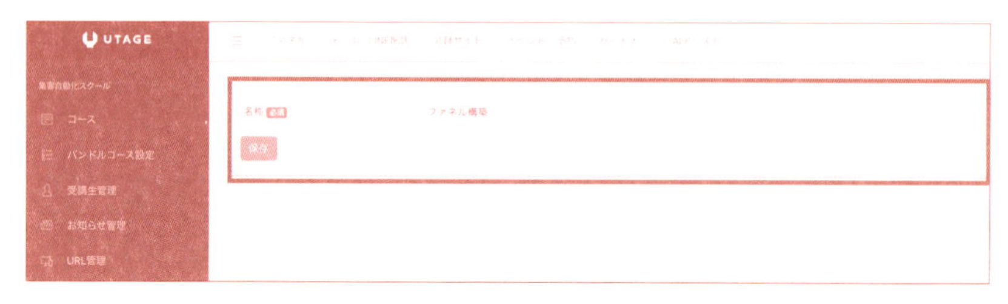


❹コースカテゴリが設定できたことを確認しましょう。

**TIPS** 設定したコースカテゴリを、コースの設定に反映したい場合は？

実際に作成したコースを開き、「コース基本設定」メニューを開いて「カテゴリ」で指定できます。

## ファビコンの設定する

ブラウザのタブに表示される小さなアイコンをファビコンといいます。タブをたくさん開いている時に、一目であなたの会員サイトを開いているタブがどこにあるかがわかりやすくなります。

ファビコンの画像サイズは、Google Chromeでは192px × 192pxが推奨されています。あらかじめこのサイズの画像を準備して操作してみて下さい。

❶まず、ファビコンの素材を「メディア管理」にアップロードします。
右上のUTAGEアカウント名の▼をクリックして表示されるメニューから「メディア管理」を選択します。

❷「新規アップロード」ボタンをクリックします。

❸あらかじめ用意していたファビコンの画像ファイルをアップロードします。
「参照」ボタンをクリックして、任意のファイルを選択し「アップロード」ボタンをクリックします。

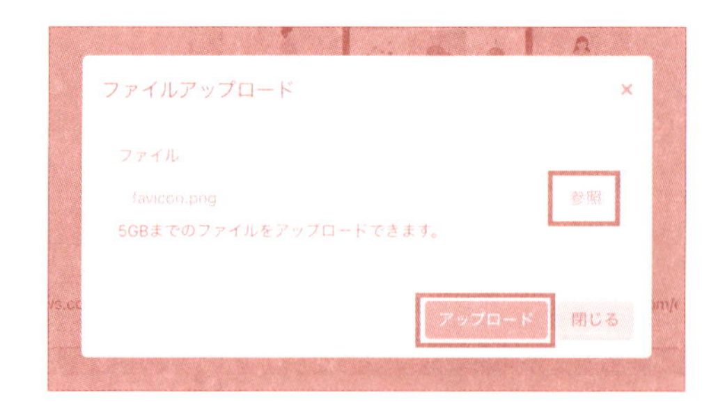


❹アップロードされた画像に付与されたURLをコピーします。URLの右側の「コピー」ボタンをクリックします。

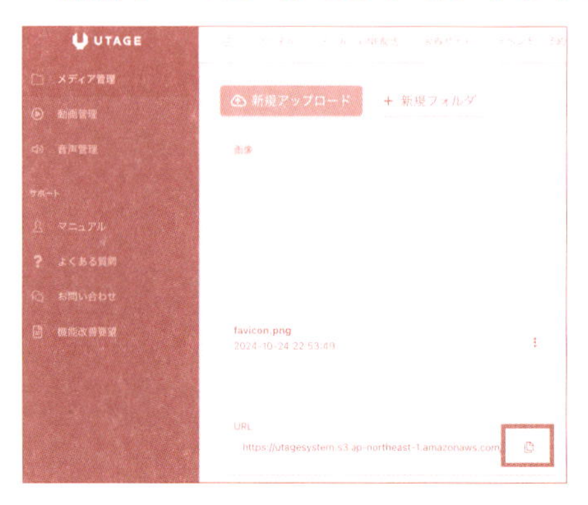


❺【会員サイト】メニューを開き、ファビコンを設定したい会員サイトを「サイト一覧」から開きます。

❻サイドメニューの「サイト設定」メニューから「基本設定」を開きます。

❼「headタグの最後に挿入するJavaScript」に画像URLを含めたコードを貼り付けます。

```
<link rel="icon" href="画像URL">
```

「画像URL」の箇所を先程コピーしたファビコンのURLに差し替えて貼り付けましょう。

**TIPS** コードはどうやって入力するの？

**方法１：**コードをすべて半角で入力する

```
<link rel="icon" href="画像URL">
```

**方法２：**UTAGEマニュアルで「ファビコン」で検索すると会員サイトにファビコンを設定する方法の解説ページにアクセスして入手できます。このコードをコピーして使用します。（探す時間よりも、方法１の手入力の方が早いかもしれません）

❽「保存」ボタンをクリックして、変更を保存します。

❾変更内容を確認します。

サイドメニューの「URL管理」をクリック、「プレビューURL」の「開く」ボタンをクリックして、開いたウィンドウのタブに先程設定したファビコンが表示されていることを確認しましょう。

ここまでで、会員サイトの新規作成から、サイト全般の設定をしてみました。

UTAGEは、まず操作を設定したら、実際にプレビューや動作確認をして、微調整しながら構築していくことになります。自分のやりたいことが明確でない場合、どこで何を設定したらいいのかわからず、手が止まってしまいがちです。

まだ設計図が決まっていない場合は、作例を参考にまずはいろいろ自分で操作をしながら、自分ならこんな時にこの機能を使えそう！と、実際の自分の活用シーンをイメージしながら進めてみて下さい。

CHAPTER

3

# コースの作成と受講生の管理

3

SECTION 3-01 UTAGE

# コース作成の準備をしよう

この章では、コース作成に必要な画面を確認していきましょう。コースの中身である、レッスンや、レッスングループを作成していきます。その後、受講生を追加する方法をご紹介します。

## 準備で必要なもの

コースを作成するには、さまざまな素材が必要になります。例えば、画像、動画、リンク、シェアしたいPDFファイルなど、掲載したい素材は、各自異なります。

- 準備物は何が必要なのか？
- コース、レッスンを設計に必要なものは何か？
- 会員サイト運営で、事前に決めておくことは？

決めることはいろいろありますが、まずはUTAGEでどんなことができるかを理解するためにも、実際に操作してみながら、自分の構築計画もイメージし、準備物をリストアップしていきましょう！

UTAGEでは、動画や、画像、PDFファイルなどをあらかじめアップロードして、そのリンクを挿入して、素材を呼び出すことができます。３章ではコース作成を進めていきますが、素材のアップロード方法は４章で紹介します。適宜４章もあわせて参照しながら、進めてみて下さい。

# SECTION 3-02 コース設定メニューについて

UTAGE

ここでは、会員サイトの中のコース、レッスンにまつわる操作画面を一緒に確認していきましょう。

## コースメニュー

❶【会員サイト】メニューをクリックし、「サイト名」から会員サイトをクリックして開きます。

❷サイドメニューの「コース」を選択すると<コース管理>が開き、コース追加、コースの設定ができます。

❸「＋コース追加」ボタンをクリックするとコースを新規作成できます。

- コース名：コースの名前を入力して指定します。
- 管理名称：管理側でわかる名称を設定（ユーザー側には表示されません）
- 種類：通常コース、指定したURLへリンクが選択できます。

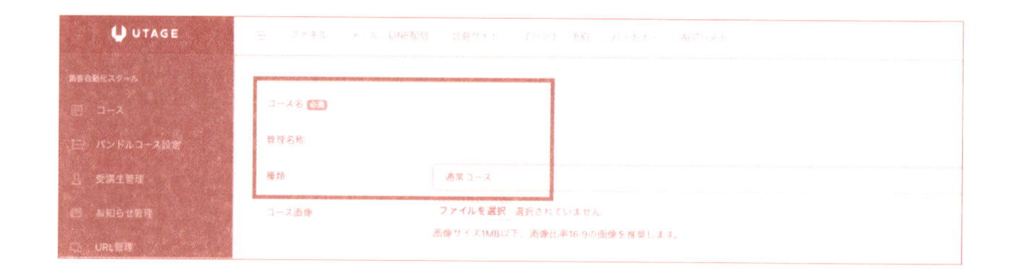


- **コース画像：**会員サイトホーム画面で表示させる画像を指定。

※画像サイズ1MB以下、画像比16:9の画像を推奨

- **ボタンテキスト：**受講する、詳細、カスタムから選択可能。
- **進捗率：**表示する、表示しない　から選択可能。

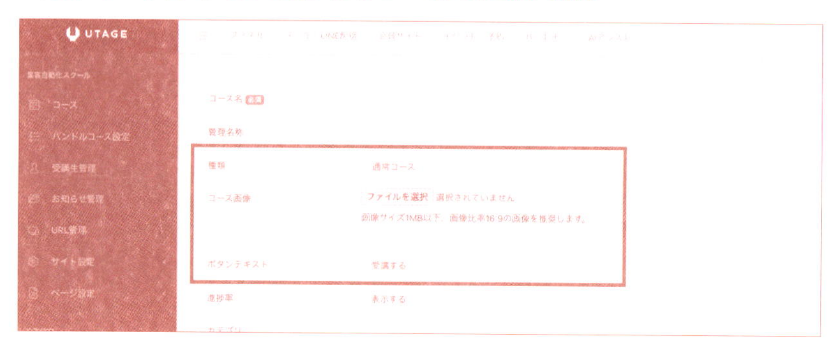


❹カテゴリを必要に応じて設定できます。

- **カテゴリ：**「サイト設定」メニューの「コースカテゴリ設定」であらかじめ設定しておいたカテゴリをプルダウンリストから選択して設定できます。
- **ステータス：**「下書き」「公開」から選択できます。
  公開設定すると、受講生に公開されます。未公開にする場合は「下書き」のままにします。サイト完成時に、「公開」に設定変更し忘れていないか確認しましょう。

＜未購入者へのオファー設定＞

- **常時表示オファー**：「利用しない」、「利用する」から選択できます。
  「利用する」を設定すると「常時オファーページURL」を指定できます。
- **期間限定オファー**：「利用しない」、「利用する」から選択できます。
  「利用する」を設定すると、どのバンドルコースに登録してから○日後の○時までどのURLを表示するのかを指定できます。

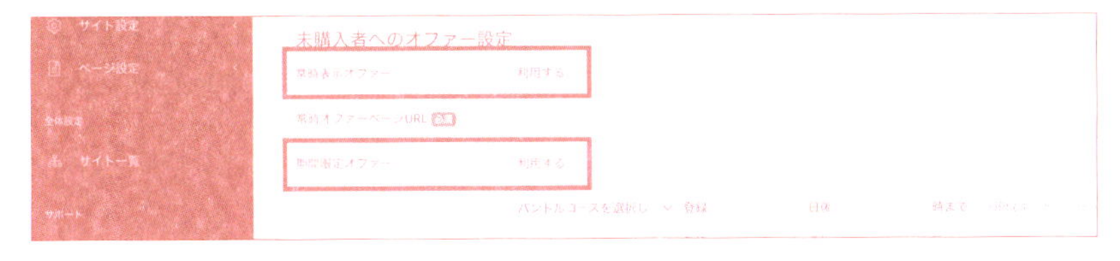


❺「追加」ボタンでさらに条件を追加できます。
複数の条件を満たす期間限定オファーを表示できるようになります。

＜自動化設定＞

- **受講対象者**：「指定しない」「指定する」を選択できます。
  「指定する」を選択すると、コース登録日を指定して対象者を絞り込むことができます。
- **受講スタイル**：「最初から開放済みの全てのレッスンが受講可能」「受講完了に変更すると次のレッスンが受講可能」から選択できま

す。

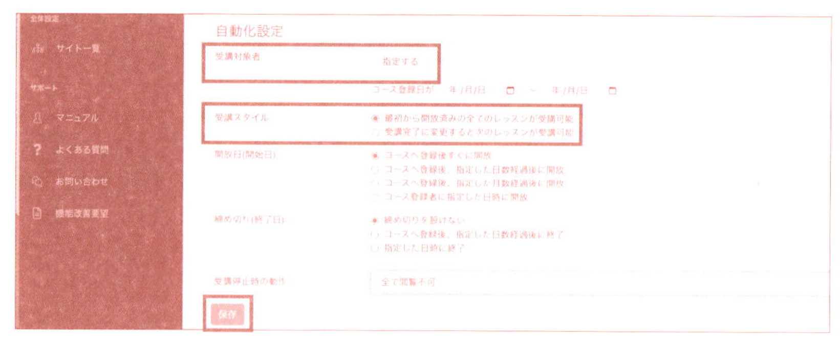


- **開放日(開始日)：**コースへ登録後すぐに開放
  コースへ登録後、指定した日数経過後に開放
  コースへ登録後、指定した月数経過後に開放
  コース登録者に指定した日時に開放
- **締め切り(終了日)：**締め切りを設けない
  コースへ登録後、指定した日数経過後に終了
  指定した日時に終了
- **受講停止時の動作：**「全て閲覧不可」「停止日までに解放済みのレッスンは引き続き閲覧可」

❻設定が終わったら最後に「保存」ボタンをクリックします。

## レッスン管理メニュー

「コース」メニューからコースを開くとさらにレッスンを管理するメニューが表示されます。
「レッスン管理」メニューの画面を確認していきましょう。

❶サイドメニューの「レッスン管理」をクリックします。
❷「追加」ボタンをクリックすると新規レッスンを追加できます。

- **グループ：**レッスンを格納するレッスングループを指定します。後ほど紹介する「レッスングループ」メニューで設定したものがリストとして表示されます。

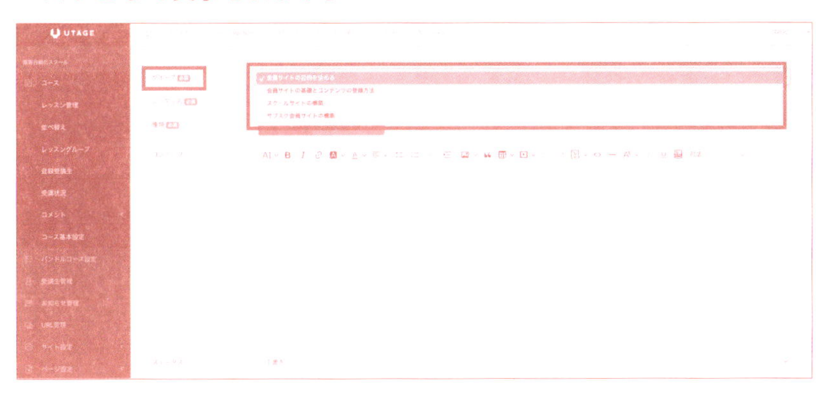

- **レッスン名：**レッスンの名称を指定します。
- **種類：**リッチテキスト、コンテンツエディターから選択できます。

- **リッチテキスト編集画面：**コンテンツをリッチテキスト形式で構築していくことができます。WordやWordPressなどで作成するのと同じ感覚で文書作成できます。

- **コンテンツエディター編集画面：**「コンテンツエディター」ボタンをクリックし、さらに「編集」ボタンをクリックすると白紙のコンテンツエディターが起動します。ファネルページ作成と同様の操作で、レッスンページを作成できます。

コンテンツエディターが起動したら、上部にマウスポインタを合わせると、青、緑、黄色で要素が表示されます。＋ボタンをクリックして編集をスタートできます。左上の「戻る」をクリックするとレッスン管理画面に戻れます。

・ステータス：「下書き」、「公開」作成したレッスンの、公開ステータスを設定できます。

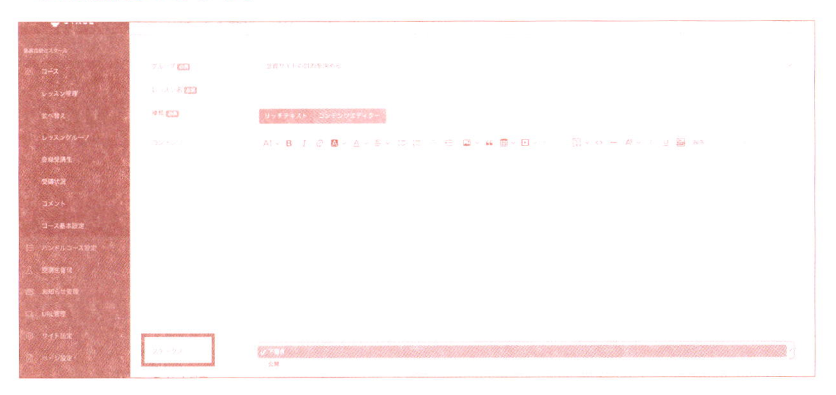

<コメント設定>

・コメント機能：「利用しない」「利用する」から選択します。

「利用する」を選択すると、レッスンでのコメント機能をオンにできます。

コメント利用時の詳細設定を行い、自分のチェックが楽になることを考慮し設定しよう。

・投稿されたコメント：全て表示する、投稿後に全て表示する、自身が投稿したコメントだけ表示する
・コメント投稿日：「表示する」「表示しない」から選択
・表示文字列：「コメント」「課題」「カスタム」から選択

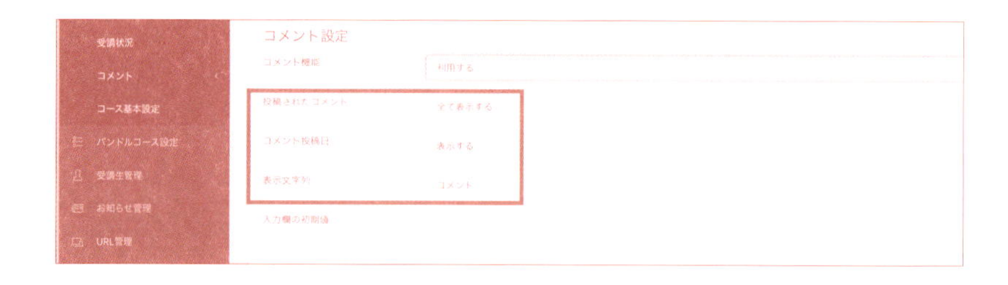


## <自動化設定>

どのタイミングでコースを開放するのかタイミングを指定できます。

- **受講生対象者：**「指定しない」「指定する」のところでは受講対象者の「コース登録日」をもとに受講対象者を絞り込みできます。

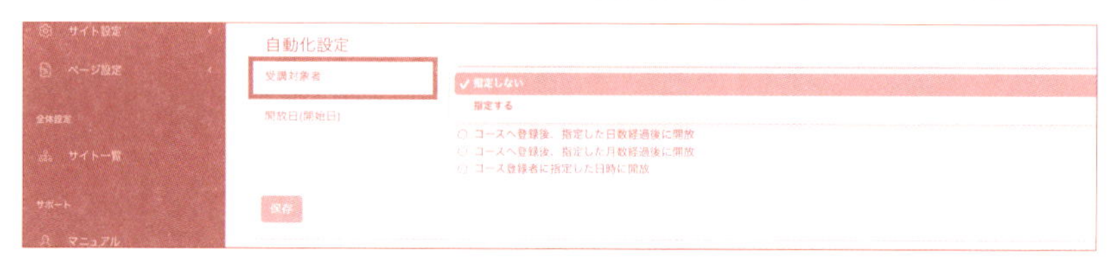


- **開放日（開始日）：**どのタイミングから開放するのかを設定できます。

  コースへ登録後すぐに開放
  コースへ登録後、指定した日数経過後に開放
  コースへ登録後、指定した月数経過後に開放
  コース登録者に指定した日時に開放

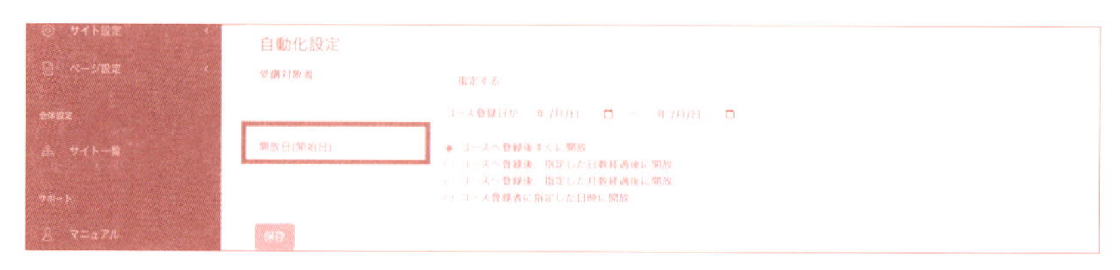


どんなタイミングでコンテンツを解放するかは、コンテンツの進行スケジュールによって異なります。会員サイト設計時に、解放のタイミングも考慮して計画を立てていきましょう。

変更後は「保存」ボタンをクリックし、「プレビュー」ボタンをクリックして変更が反映されているか、仕上がりを確認しましょう。

**TIPS** サブスクサービスの場合は、指定した日に開放することができます。コース受講の終盤に表示させて、次のコースを見てもらいたい時などに活用できます。

## レッスンを編集する

作成したレッスンは、操作メニューの「編集」「プレビュー」「コピー」「別コースへコピー」「削除」メニューから操作を選択できます。

❶【会員サイト】メニューをクリック、「サイト一覧」から編集したいコースを開きます。
❷「コース管理」画面の「コース名称」から編集したコースをクリックして開きましょう。
❸「レッスン管理」画面が表示されます。

❹編集したいレッスン名の右端の操作メニューをクリックすると「操作メニュー」が表示されます。

❺「編集」「プレビュー」「コピー」「別コースへコピー」「削除」のメニューから操作を選択できます。

- **編集**：レッスンの編集画面が表示されます。
- **プレビュー**：レッスンのプレビューで受講生からの見え方を確認できます。
- **コピー**：レッスンをコピーして複製できます。
- **別のコースへコピー**：作ったコースを別のコースにコピーできます。

- **削除**：コースを削除します。削除前に、本当に削除してOKなのかを確認しましょう。「削除の確認」ウィンドウで「削除」と入力し、「削除」ボタンをクリックして削除します。

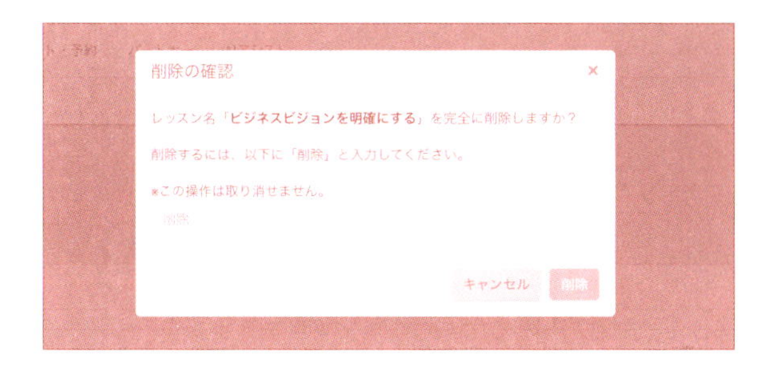


## レッスンを並べ替える

レッスンの順番の入れ替えも簡単な操作で変更できます。

**❶「レッスン管理」メニューで「並べ替え」ボタンをクリックします。**

レッスンの並べ替えをドラッグ操作で行うことができます。

**❷レッスンの「並べ替え」画面に切り替わります。**

レッスンの「並べ替え」画面を表示させるには、サイドメニューの「並べ替え」をクリックすることでも可能です。

**❸レッスン名の先頭に⇅が表示されます。**

レッスンの表示順をドラッグ操作で変更することができます。

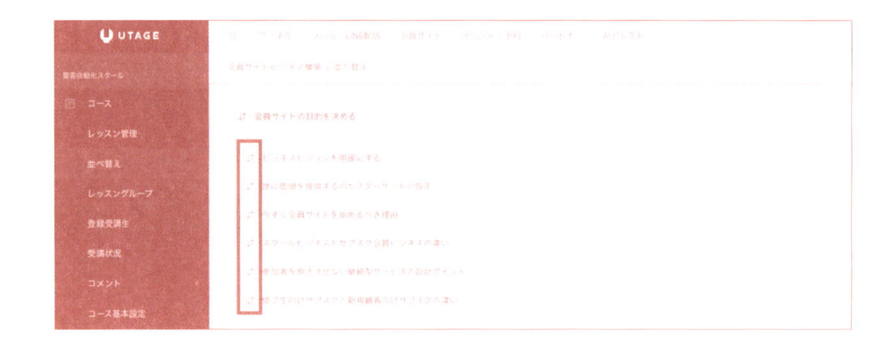


操作はコースの並べ替えと同様の操作になります。

## レッスングループメニュー

レッスンをとりまとめるグループを作成します。

**WordPressコース**

| レッスングループA | レッスングループB | レッスングループC |
|---|---|---|
| ・レッスン1 | ・レッスン1 | ・レッスン1 |
| ・レッスン2 | ・レッスン2 | ・レッスン2 |
| ・レッスン3 | ・レッスン3 | ・レッスン3 |
| ・レッスン4 | | ・レッスン4 |
| ・レッスン5 | | ・レッスン5 |
| ・レッスン6 | | |

❶サイドメニューの「コース」を選択します。「コース名称」から編集したいコースを開きます。

❷さらにサイドメニューの「レッスングループ」をクリックします。

❸「＋グループ追加」をクリックするとレッスングループを追加できます。

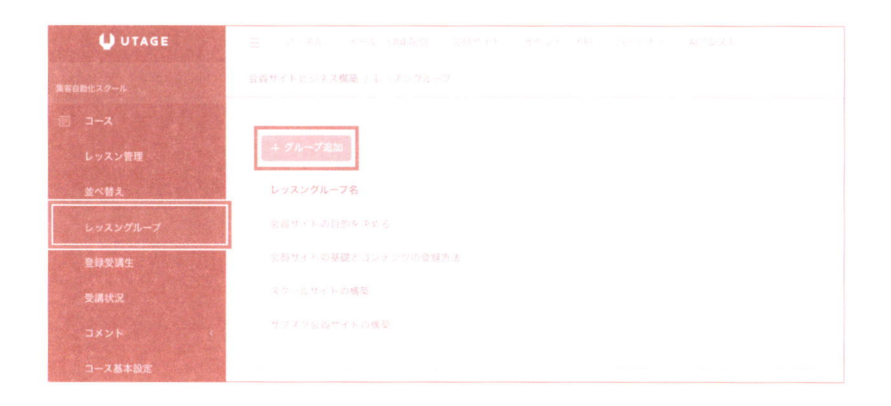


## ❹次にレッスングループのグループ名を設定します

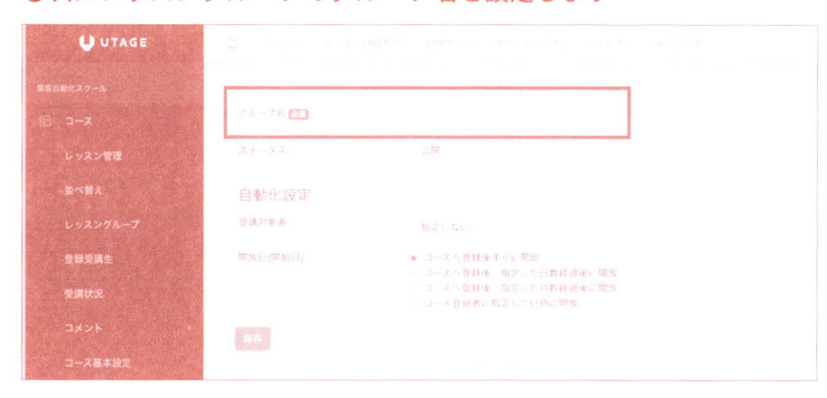


・グループ名：レッスンをとりまとめるグループの名前を指定。
・ステータス：「下書き」「公開」から選択できます。

＜自動化設定＞

受講対象者：「指定しない」「指定する」を選択できます。
「指定する」を選択すると、コース登録日の期間で絞り込みができます。

| 自動化設定 | | |
|---|---|---|
| 受講対象者 | | 指定する |
| | コース登録日が | 年 /月/日 ～ 年 /月/日 |

開放日（開始日）：

コースへ登録後すぐに開放
コースへ登録後、指定した日数経過後に開放
コースへ登録後、指定した月数経過後に開放
指定した日時に開放
アクセス元シナリオの配信基準日時から指定した日数経過後に開放

❺変更が終わったら「保存」ボタンをクリックしてグループ名を保存します。

## 登録受講生メニュー

ここではコース登録済みの受講生を一覧表示します。停止アカウント、コース停止中の場合は一覧には表示されません。

❶サイドメニューの「コース」を選択します。「コース名称」から編集したいコースを開きます。
❷さらにサイドメニュー「コース」の「登録受講生」メニューをクリックします。

ここでは、コースに登録している受講生を一覧で表示できます。

＜表示条件＞
「名前」「メールアドレス」を入力し「絞り込み」ボタンをクリックすると登録されている受講生を検索、絞り込みできます。

＜登録受講生＞

登録受講生の一覧をダウンロードするときは「ダウンロード」ボタンをクリックします。デフォルトではCSV形式で「お名前」「メールアドレス」をダウンロードできます。

▼をクリックして「SJIS」「UTF-8」でダウンロードすることも可能です。

### ダウンロードしたのに文字化けしてしまう場合

UTAGEマニュアルで、「文字化け」で検索して対処法を参照してください。

## 受講状況メニュー

レッスンごとの完了数、完了率など受講状況が確認できます。

❶サイドメニューの「コース」を選択します。「コース名称」から編集したいコースを開きます。
❷さらにサイドメニュー「コース」の「受講状況」メニューをクリックします。

<表示条件>

- **期間**：年/月/日を指定すると特定の期間で受講状況を確認できます。

レッスンごとの完了数、完了率を確認できます。

レッスン名をクリックすると受講完了者の名前、メールアドレス、完了日時を確認できます。

## コメントメニュー

サイドメニューの「コース」を選択します。

❶「コース名称」から編集したいコースを開きます。
❷さらにサイドメニュー「コース」の「コメント」メニューをクリックします。

コメントメニューには、「コメント一覧」「コメント通知設定」「返信プロフィール設定」があります。

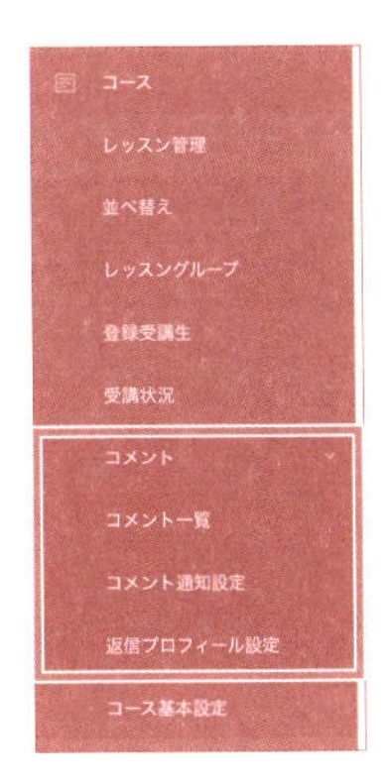


### 「コメント一覧」メニュー

受講生からコメントが入ると一覧で表示されます。

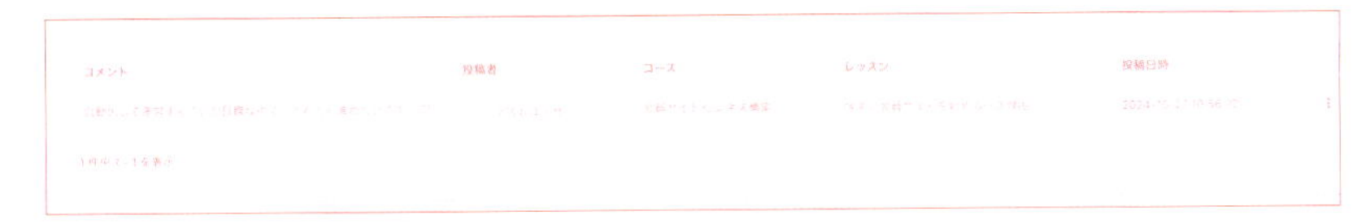


### 「コメント通知設定」メニュー

通知の詳細を指定できます。

- **メールでの通知**：「通知しない」「通知する」

### 「通知する」を設定すると

通知先メールアドレスを指定できます。複数メールアドレスに通知する場合、カンマ区切りで入力します。

- **Chatworkでの通知**：「通知しない」「通知する」
  「通知する」を設定すると「APIトークン」「通知先ルームID」を指定すると通知が届きます。

設定が終わったら「保存」ボタンをクリックして保存します。「接続テスト」ボタンをクリックして、通知が届くかテストしましょう。

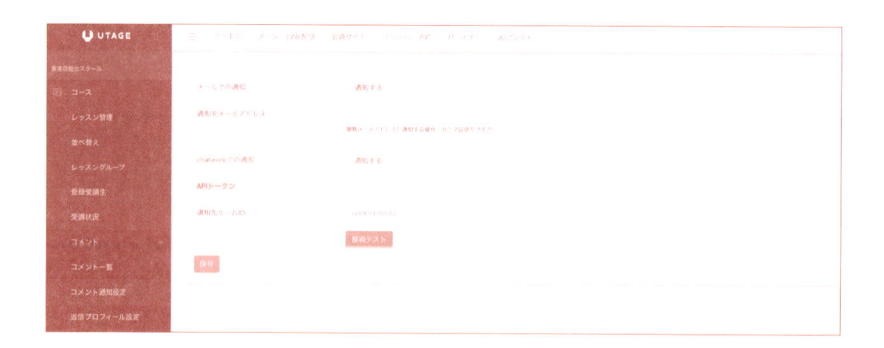


「返信プロフィール設定」メニュー
❶コメントに返信する人のプロフィールを設定します。
❷「返信プロフィール設定」メニューから返信プロフィール画面を開き「＋追加」ボタンをクリックします。

- プロフィール画像：画像サイズ10MB以下、画像比率1:1の画像を推奨します。
- お名前：返信者の名前を入力します。

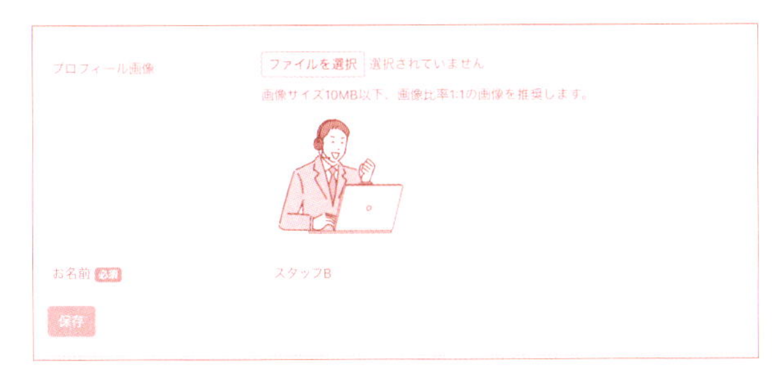


❸設定が終わったら、「保存」ボタンを押して保存します。
❹「プロフィール」の一覧に追加分が表示されます。

### コメントの設定を実装するには？

レッスンごとに設定が可能です。レッスン管理を開き、一覧からコメントを設定したいレッスンを開きます。

＜コメント設定＞で「利用する」を選択し、詳細を指定します。

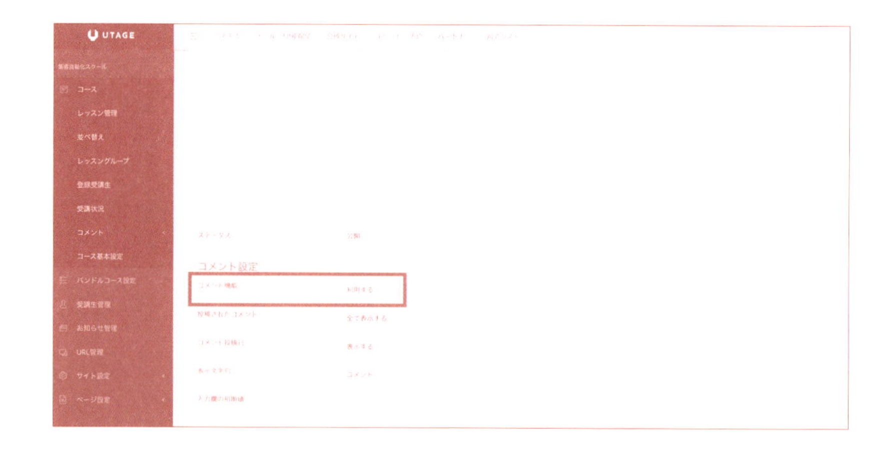


### 入ってきたコメントを確認し返信するには？

コメント一覧で、対象のコメントをクリックして開くと、該当のコメント画面が開きます。スタッフのプロフィールを選択してから、コメントを入力し「送信」ボタンをクリックします。

## コース基本設定メニュー

サイドメニューの「コース」を選択します。

❶「コース名称」から編集したいコースを開きます。
❷さらにサイドメニュー「コース」の「コース基本設定」メニューをクリックします。

コース基本設定画面では、コース設定の編集が可能です。

SECTION

# 3-03 コースを作成しよう

UTAGE

2章で作成した会員サイト「集客自動化スクール」にコースを追加してみましょう。実際に手を動かしながら、操作を進めていきましょう。

## 新規コースを追加する

❶【会員サイト】のサイドバーから「コース」を選択します。

❷「＋コース追加」をクリックします。

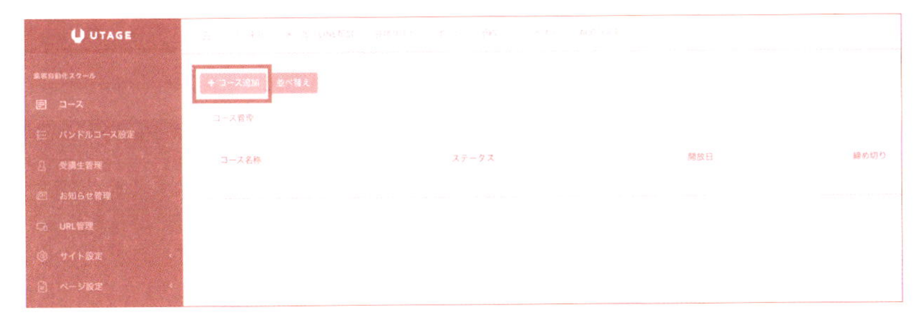


❸以下の設定で、コースを新規追加作成してみましょう。

- コース名：本プログラムの進め方
- 管理名称：コース名と同じ
- 種類：通常コース
- ボタンテキスト：受講する
- 進捗率：表示する
- ステータス：公開

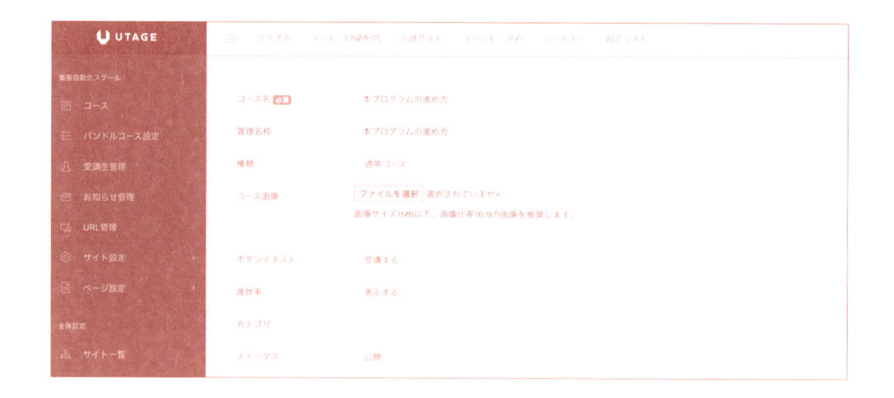


❹「保存」ボタンをクリックします。「コース名称」に「本プログラムの進め方」が追加されているのを確認します。

出来上がりを確認しましょう。

サイドメニュー「URL管理」をクリックし、「プレビューURL」を開きます。会員サイトホーム画面で、ボタンテキストが「受講する」になり、進捗率が「0％完了」と表示されています。

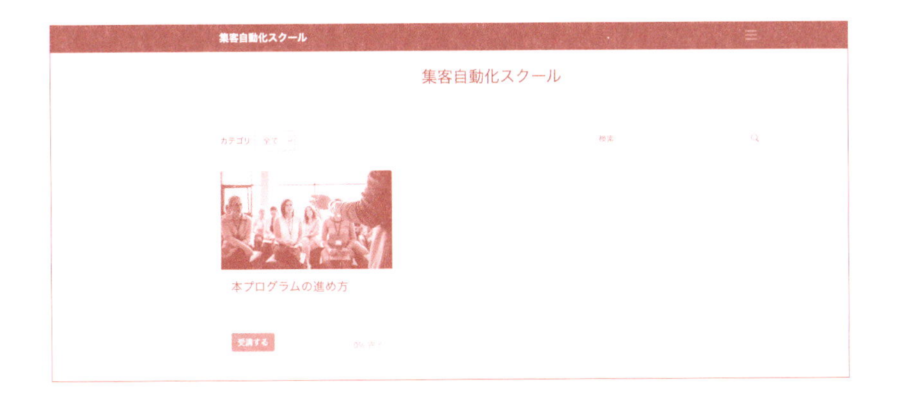


## 会員サイトにコース画像を追加する

❶サイドメニュー「コース」をクリックし「コース名称」から「本プログラムの進め方」の「操作メニュー」から「コース基本情報編集」を選択します。

または、「本プログラムの進め方」をクリックして開き、サイドメニューの「コース基本設定」をクリックして開きます。

❷「ボタンテキスト」「進捗率」を変更し、ボタンテキストをカスタマイズするとどのような表記になるのか試してみましょう。

- ボタンテキスト：カスタムにして、自由に設定してみましょう。
- 進捗率：表示しない

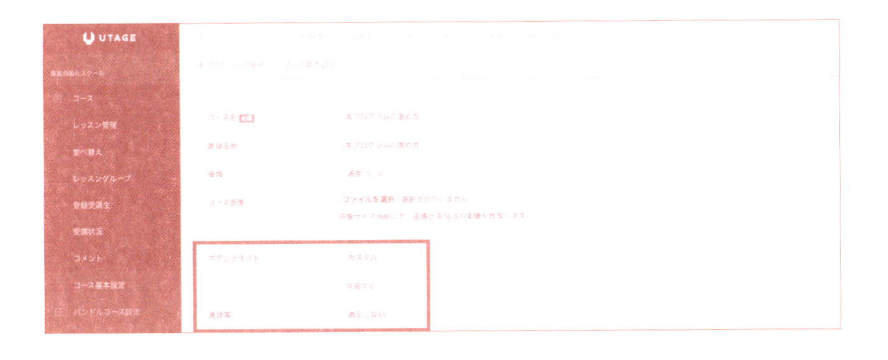

❸「ファイルを選択」ボタンをクリックし、コース画像を指定します。画像サイズは1MB以下、画像比率16:9の画像を使用して下さい。

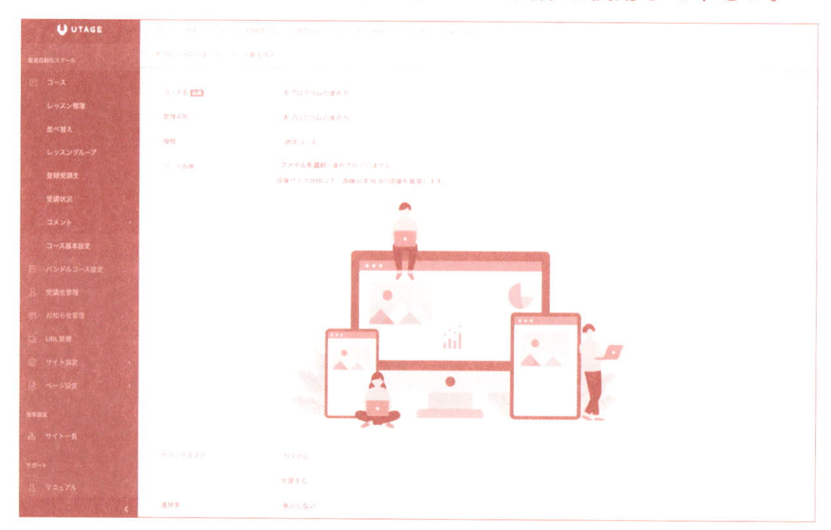


❹「保存」ボタンをクリックして保存し、プレビューでボタンテキストのカスタマイズと、画像追加後の会員サイトを確認しましょう。

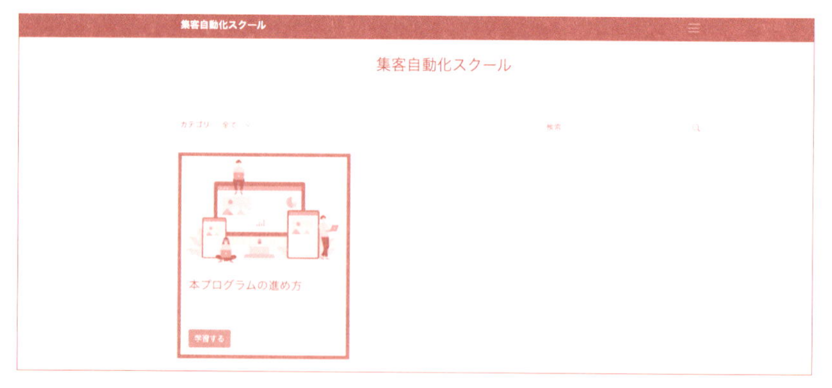


このように、コースのボタンテキストや、進捗率の表示は自由に変更できます。

❺表示の変更が確認できたら、以下の設定をもとに戻しましょう。

- ボタンテキスト：受講する
- 進捗率：表示する

❻同様にして以下のコース７つを追加しましょう。

最初にいくつか追加してみて、慣れてきたら、コースをコピーして作成してみましょう。※コピーの操作方法は後述参照

| コース名称 | ステータス | 開放日 | 締め切り |
|---|---|---|---|
| ・本プログラムの進め方 | 公開 | 即時 | なし |
| ・会員サイトビジネス構築 | 公開 | 即時 | なし |
| ・ファネル構築 準備編 | 公開 | 即時 | なし |
| ・ファネル構築 実践編 | 公開 | 即時 | なし |
| ・自動化構築 マインド編 | 公開 | 即時 | なし |
| ・特典受取はこちら | 公開 | 即時 | なし |
| ・受講者割引オファー | 公開 | 即時 | なし |

- 管理名称：コース名称設定
- コース画像：自由に設定してみて下さい。
- ボタンテキスト：受講する
- 進捗率：表示する
- ステータス：公開

## コースのコピー・削除する

❶「会員サイトビジネス構築」コースの「操作メニュー」から「コピー」を選択しましょう。

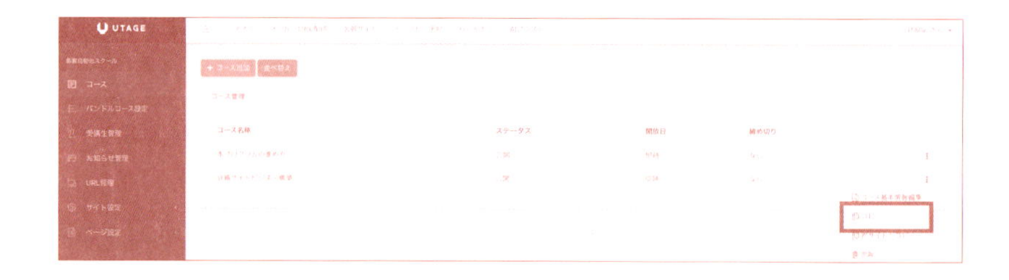

❷「会員サイトビジネス構築_コピー」が作成されました。

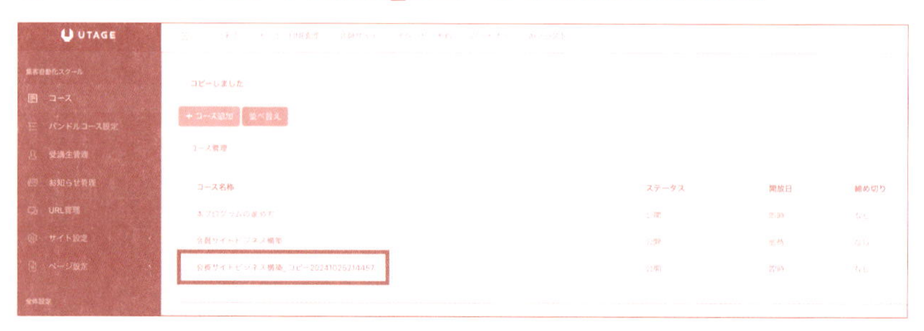

❸次に名前を変更します。操作メニューをクリックし、「コース基本設定編集」を選択。コースの名前を「ファネル構築 準備編」に変更しましょう。

❹「コース名」と「管理名称」を「ファネル構築 準備編」に変更、「保存」ボタンをクリック。

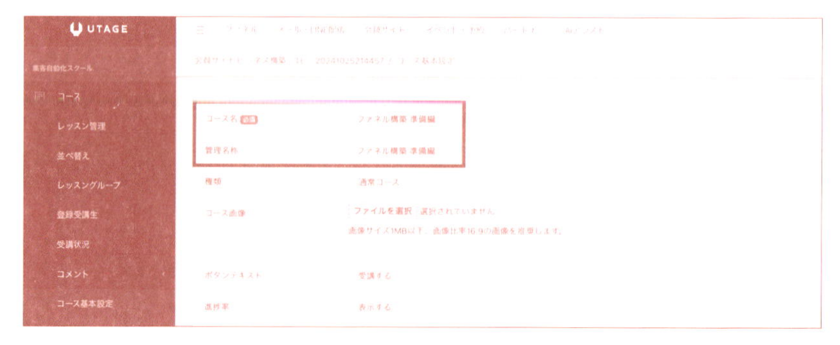

❺変更内容を確認します。プレビューURLを再び開いて確認できますが、ブラウザの更新ボタンを押すとページを再読み込みして更新結

果を表示できます。

❻２つコースが追加されました。今回はコースのコピーの練習をしました。実際の構築では、コピーする前に、レッスンの内容まで設定しておくとテンプレートとして活用できるので、同じレイアウトでコースやレッスンを量産できるようになります。
コース画像を設定していないコースはデフォルト画像がセットされます。（右の２つ）

でもよくみると、画像サイズがチグハグになってしまっています。

違いを見比べていただくために、あえて縦横比が違う画像を、サンプルで設定してみました。

このように16:9比率の画像を使用したり、しなかったりすると、コースの画像がバラバラになってしまいます。使用する画像の縦横比は統一してください。

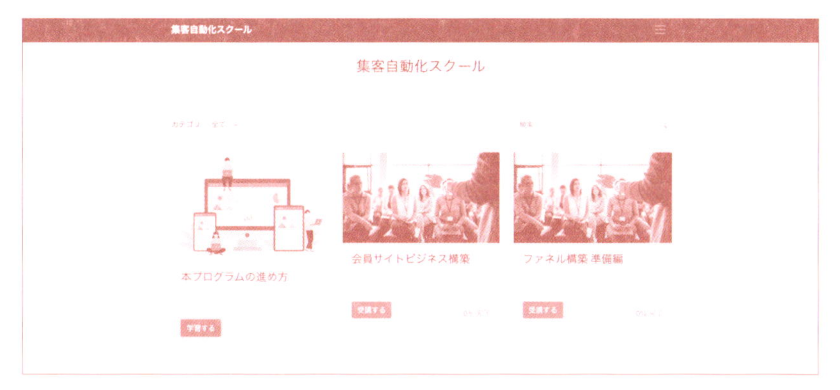


❼7つのコースが作成できたら、下記のようになっているか確認しましょう。

## コースの表示順序を変更する

❶サイドメニューで「コース」メニューを選択し、コース管理画面の「並べ替え」ボタンをクリックします。

❷先頭に⇅が表示されたら、「自動化構築マインド編」をドラッグして「会員サイトビジネス構築」の後にドロップします。

❸変更が完了したら「保存」ボタンをクリックします。

❹プレビューを表示して、順番が入れ替わったことを確認しましょう。

## コースを削除する

❶「受講者割引オファー」コースの操作メニューの「削除」を選択します。このとき誤って別のコースを削除しないように注意しましょう。

❷「削除の確認」ウィンドウが表示されたら「削除」と入力し「削除」ボタンをクリックして削除します。

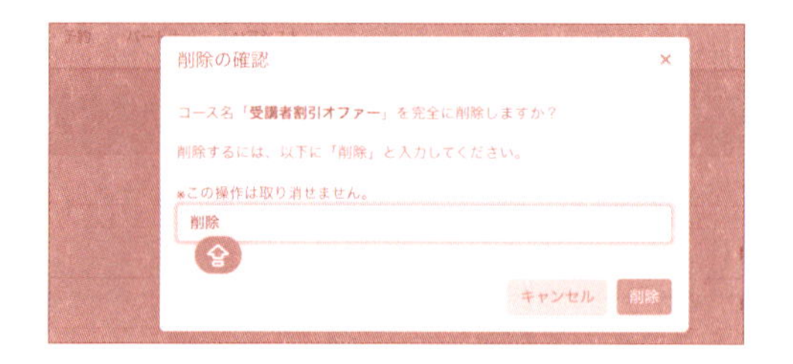


❸「受講者割引オファー」コースを削除できました。

❹コースの種類で「通常コース」を設定した場合、コースの受講ボタンをクリックすると、レッスンが表示されます。コース基本設定の「種類」で「指定したURLへリンク」を選択すると、ボタンをクリックした時にリンク先に誘導できます。

❺「特典はこちら」コースを「指定したURLへリンク」に変更し、特典提供リンクに直接飛ばしてみましょう。

「リンク先URL」に任意のURLを入力してみましょう。今回は練習なのでGoogleなどのURL「https://www.google.com/」で構いません。

このように、レッスン内容を表示させるだけでなく、指定したURLに飛ばすことができるので、次回販売したい商品のLPや、受講生にみてもらいたいリンクを提供し、追加販売に繋げることができます。

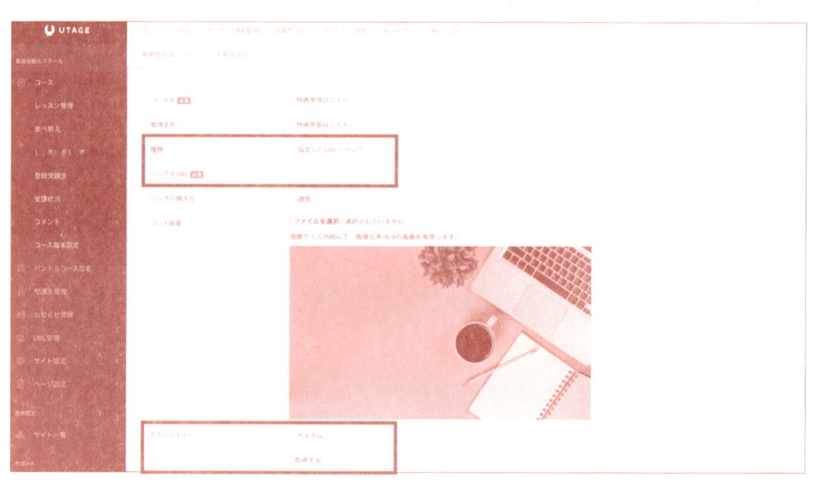

❻ボタンテキストをカスタムで「取得する」に変更します。

また、「進捗率」は不要になったので自動で非表示になりました。

❼最後に、「保存」ボタンをクリックして変更を保存します。

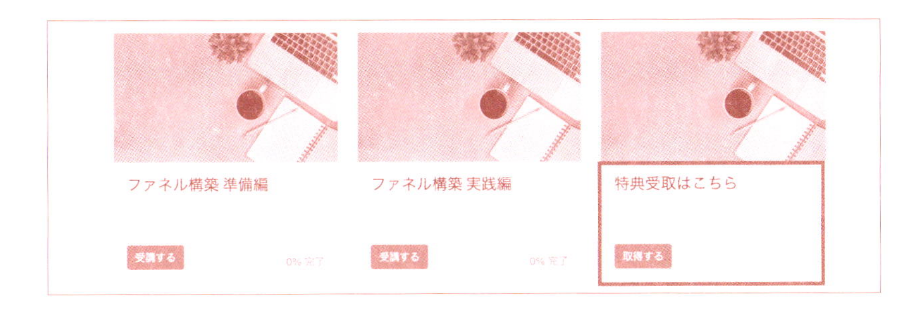


これで会員サイトのコースのホーム画面の表示が完成しました。

SECTION 3-04

# レッスンを作成しよう

レッスングループとレッスンを作成してみましょう。先にレッスングループを作成し、その中にレッスンを作成する方が、設定時の呼び出しが楽なので、先にレッスングループを作成します。

## レッスングループを作成する

今回は、「会員サイトビジネス構築」コースの中にレッスングループを作成します。

❶【会員サイト】をクリックし、「集客自動化スクール」をクリックします。「会員サイトビジネス構築」コースをクリックして開きます。サイドメニューの「レッスングループ」を選択します。

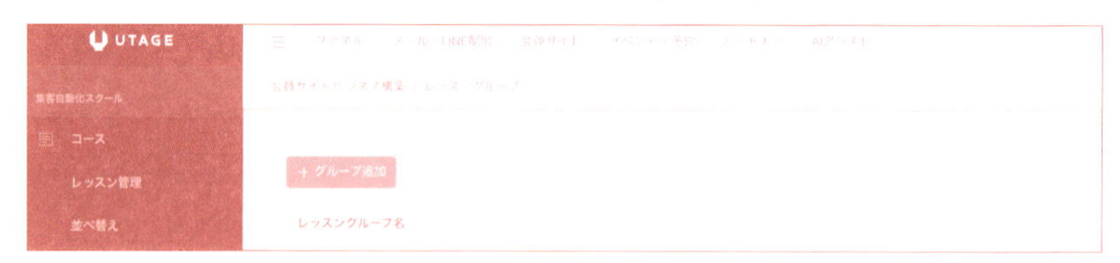


❷「グループ追加」ボタンをクリックし、グループを作成します。

- グループ名：会員サイトの目的を決める
- ステータス：公開

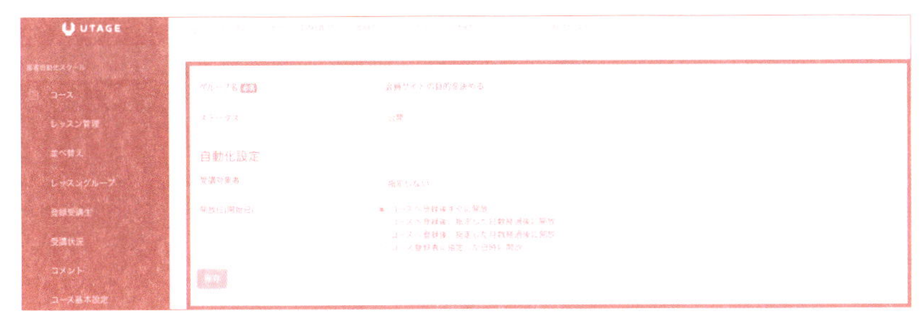


❸設定が終わったら「保存」をクリックします。

❹同様にしてあと３つ追加しましょう。

会員サイトの基礎とコンテンツの登録方法

スクールサイトの構築

サブスク会員サイトの構築

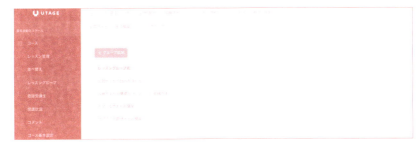


❺全部で４つのレッスングループが完成しました。

## レッスンを新規作成する

先ほど作成したレッスングループの中にレッスンを作成します。

❶サイドメニューの「レッスン管理」を選択します。「追加」ボタンをクリックし、レッスンを新規作成しましょう。

**グループ**：会員サイトの目的を決める

**レッスン名**：ビジネスビジョンを明確にする

**種類**：リッチテキスト

- ステータス：公開

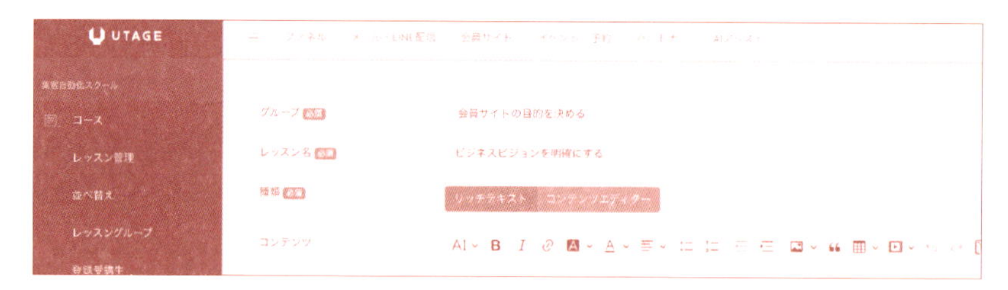


❷「保存」をクリックして操作を保存します。

❸同様にして、レッスングループにレッスンを追加しましょう。

　コピー操作を使ったり、間違って作ったら削除したり、操作を試しながら設定してみましょう。

## レッスンを並べ替える

❶レッスン管理で、「並べ替え」ボタンをクリックし、先頭に⇅が表示されたらドラッグで移動します。

「会員サイトビジネス構築」グループの「今すぐ会員サイトを始めるべき理由」を、「ビジネスビジョンを明確にする」の前に移動しましょう。

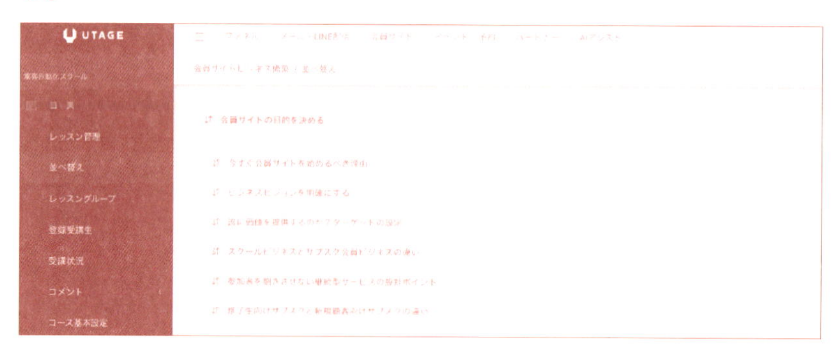


❷最後に「表示順保存」ボタンをクリックして、グループで並べ替えができたことを確認します。

## レッスンの表示の動作を確認する

❶サイドメニューの「URL管理」をクリックし、プレビューURLの「開く」ボタンをクリックします。

❷会員サイトが表示されたら、「会員サイトビジネス構築」コースの「受講する」ボタンをクリックします。レッスングループと、レッスンの一覧が表示されればOKです！

❸「受講する」ボタンをクリックするとレッスン画面に遷移します。コンテンツが入力されていれば、内容が表示されます。

## レッスンのコンテンツを入力する

外枠のレッスングループとレッスンの構成ができたら、レッスン内容の入力を行います。UTAGEでは、リッチテキストで作成するか、コンテンツエディターを利用して作成します。この２つの切り替えは、WordPressやブログ作成などをしたことがある方は、親しみを感じる画面でしょう。

リッチテキストとコンテンツエディターの使い方は割愛します。詳しく知りたい方は、特典資料からダウンロードして確認してください。

SECTION 3-05 UTAGE

# バンドルコースを作成しよう

会員サイトのコースができあがったら、バンドルコースを設定して、コースを購入者に解放する準備をはじめましょう（3-01も参照ください）。

## バンドルコースとは？

複数のコースをまとめたものが、バンドルコースです。

商品は、バンドルコース単位で管理されます。

バンドルコース名は、会員サイト上では表示されません。

UTAGEで商品登録できるのは、コースではなく、バンドルコースです。

### バンドルコースとコースの違いは？

バンドルコースでは、コースを組み合わせて１つのバンドルに設定できます。

コース単体でもバンドルコースに設定できます。

（例）バンドルC

- バンドルAは、自動化コース、マインドコース、参加特典
- バンドルBは、自動化コース、ライティング、マニュアルテンプレ、参加特典
- バンドルCは、マインドコース

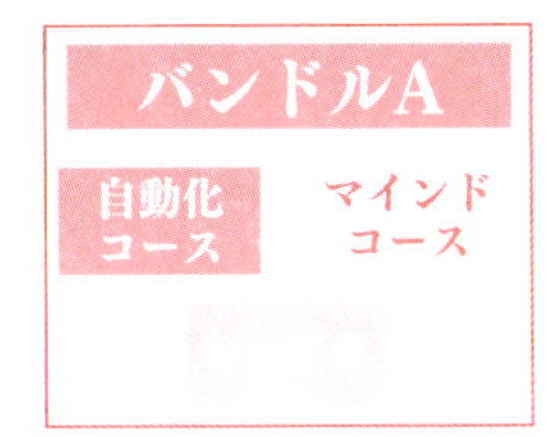


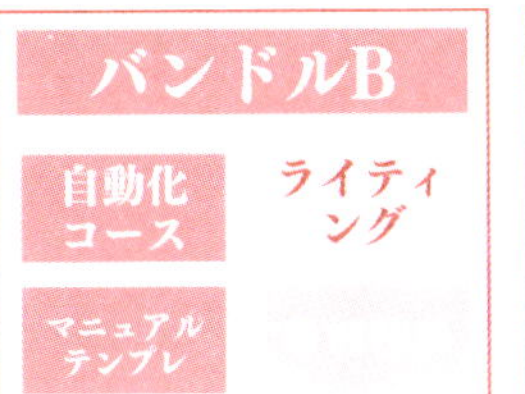


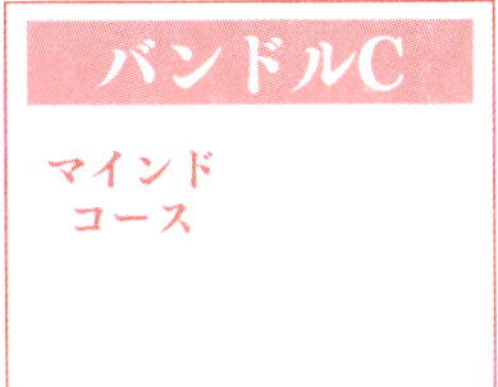


「コース」と呼んでいますが、参加特典、次の商品紹介URL、テンプレートなど配布物も登録できます。

決済確認後、指定したタイミングでバンドルコースをオープンできます。

## バンドルコースを新規作成する

作成したコースを２つのバンドルコースに設定してみましょう。

今回の操作練習では、２つのバンドルコースを作成し、６つのコースを２つに分けて設定をしてみましょう。

A：会員サイトビジネス構築

B：ファネル構築マスター養成講座

最終的に、バンドルコースAとBに６つのコースを割り振ってみましょう。今回は、バンドルコースに複数のコースを割り振りますが、１つのバンドルに、１つのコースになることもあります。１回のご購入でどのコースを提供するのかをバンドルコースで設定していきましょう。

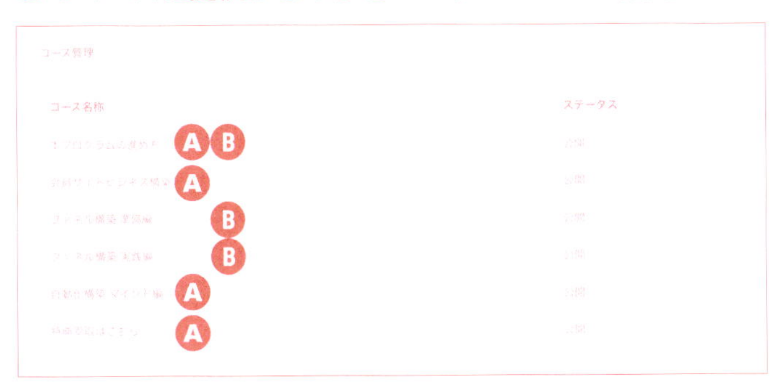

❶【会員サイト】メニューをクリックし、変更したい会員サイトクリックして開きます。
今回は「集客自動化スクール」を開きましょう。

❷サイドメニューから「バンドルコース設定」を開き「＋追加」ボタンをクリックします。

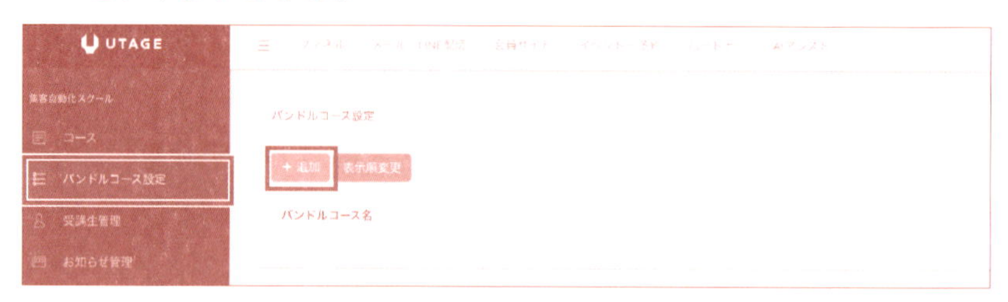


❸「バンドルコース」設定画面で「会員サイトビジネス構築」と入力します。

- バンドルコース名：作成したいバンドルコース名を入力

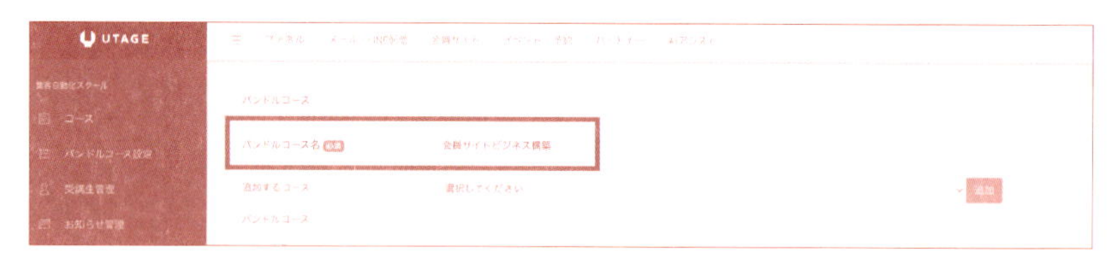


❹コース名に、先ほど追加したコース名が表示されます。Aの「会員サイトビジネス構築」に設定したい４つのコースを追加しましょう。追加するコースをプルダウンから選択し、「追加」ボタンをクリックします。

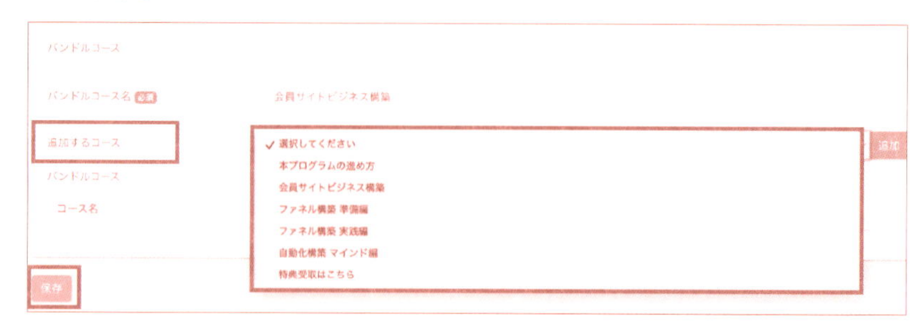

❺ 4コース追加できたら、「保存」ボタンをクリックして、バンドルコースを保存します。

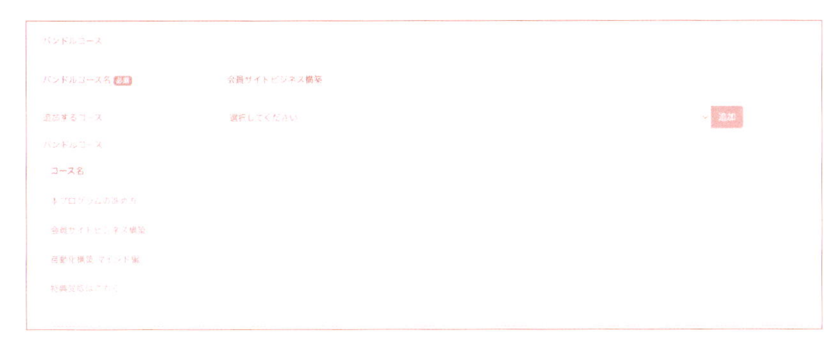


❻「会員サイトビジネス構築」バンドルコースを新規作成することができました。

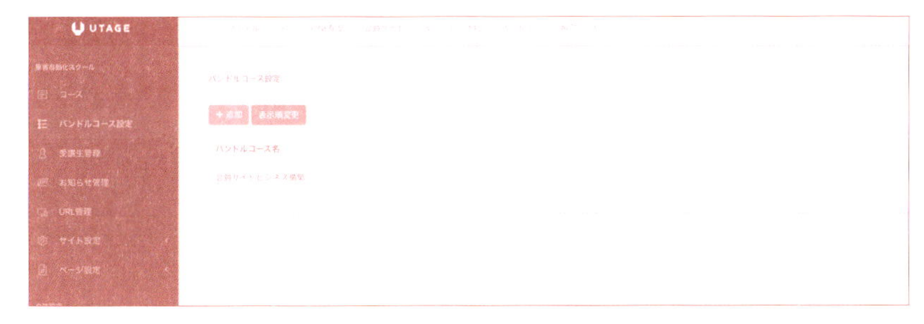


❼同様にしてBの「ファネル構築マスター養成講座」も追加作成しましょう。

**TIPS** バンドルコースに追加するコースを間違えてしまうと、支払っていないコースが表示されたり、申し込んだコースが表示されません。バンドルコースの構成、名前に間違いがないか、しっかり確認しましょう。バンドルコースの開放を設定する時に、わかりやすい名前を意識して、名前をつけるのがおすすめです！

## バンドルコースにコースを追加作成する

さらにコースを追加します。

❶バンドルコース「ファネル構築マスター養成講座」をクリックして開きます。

❷「追加するコース」のプルダウンからコースを選び「追加」ボタンをクリックして追加します。今回は、「特典受取はこちら」を追加してみましょう。

❸最後に「保存」ボタンをクリックして保存します。

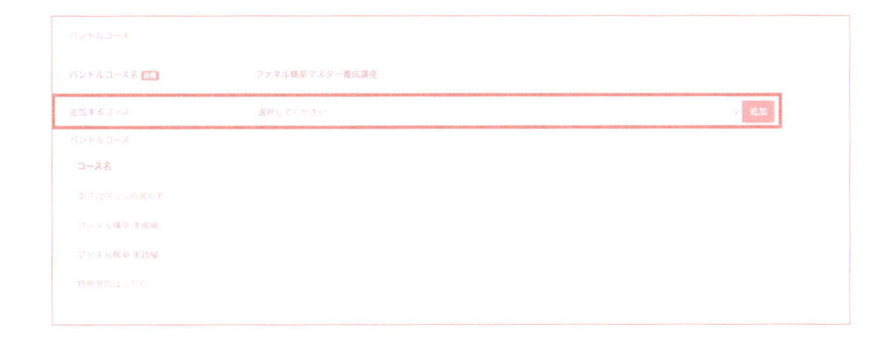


❹バンドルコース「ファネル構築マスター養成講座」をクリックして開きます。

❺バンドルコースから、コースを削除したい場合は、右側の削除ボタンをワンクリックしてコースを削除します。

今回は「本プログラムの進め方」の削除ボタンを使ってコースを削除しました。結果はこのようになります。

間違って操作しても「保存」ボタンをクリックしていなければ、その操作は保存されません。

❻誤って削除した場合は、再度追加します。

後から追加したものは一番下に追加されます。ここでの並び順は、会員サイトホーム画面の並び順に影響は与えませんので順不同でも問題ありません。

## バンドルコースの表示順変更

複数のバンドルコースの表示順を変更する場合は、他のコースの表示順変更と同様に、「表示順変更」ボタンを使用して入れ替えます

❶「表示順変更」ボタンをクリックします。

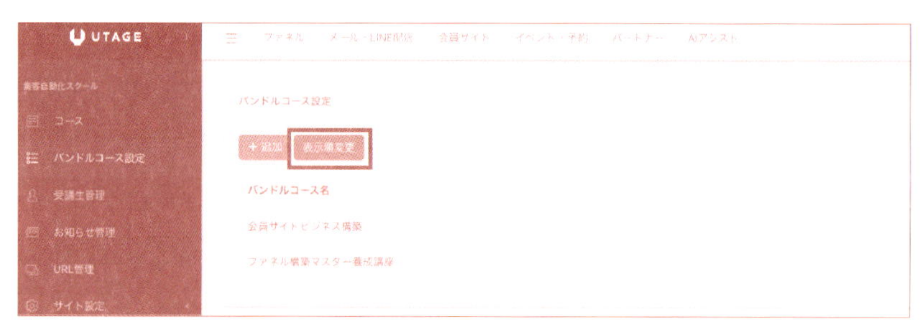


❷⇅のボタンが先頭に表示されたらドラッグで順番を変更し、最後に

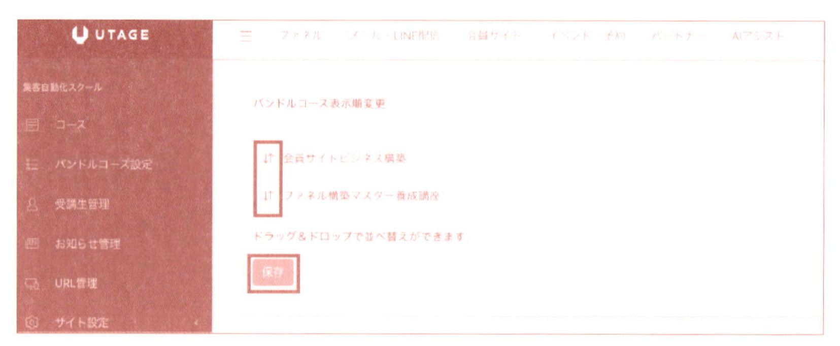

今後バンドルコースが増えてきても管理・整理しやすい様に名前を設定しましょう。

## バンドルコース設定の途中変更（既存会員への適用）

バンドルコース設定後、新たに同一バンドルコース内にコースを追加、削除すると、既にバンドルコースを開放済みの既存受講生にも変更内容（追加または削除）が適用されます。

既存会員に反映したくない場合は、新たにバンドルコースを設定し、変更後のバンドルコースを該当の会員に別途開放して下さい。

SECTION

# 3-06 会員サイトのアカウント自動発行について

UTAGE

作成した会員サイトにログインできるアカウント登録を受付し、自動返信メールでログイン方法を案内する方法をご紹介します。

アカウント自動発行を設定するタイミングは、会員サイトが出来上がってからになります。

## ログインURLを取得する

これからサイトにアクセスするための案内を作成していきます。

ログインページのURLを取得する方法をご紹介します。URLを使用する方法と、独自ドメインを使用する方法があります。

❶【会員サイト】メニューから今回解放する会員サイトを開きます。

❷サイドメニューの「URL管理」からログインURLをコピーしておきましょう。この時URLはUTAGEドメインになります。

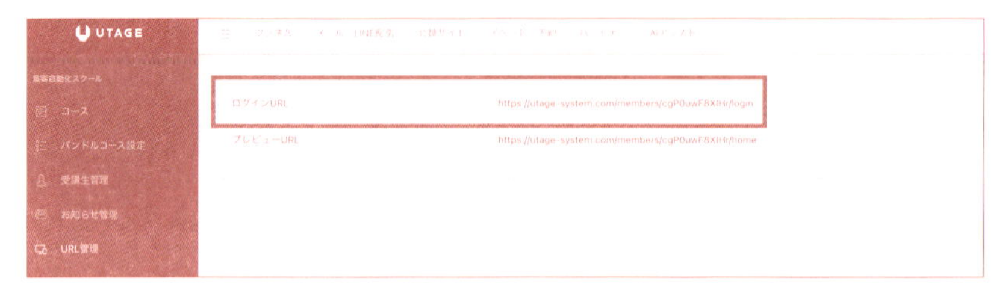


間違ってプレビューURLをコピーしないようにしましょう。

配布前に必ず、ログインURLの「開く」ボタンをクリックして、表示されたアドレスバーのリンクを配布します。

### 独自ドメインでURLを配布する場合

独自ドメインでログインして、同様の操作を行って下さい。

すでに独自ドメインの設定が完了して、ステータスが「利用可能」になっていれば、独自ドメインでURLが取得できます。

### 独自ドメインで開く方法

❶画面右上のアカウント名の▼をクリックして「独自ドメイン管理」を開きます。「独自ドメイン管理」で、今回利用したい独自ドメインの操作メニューから「ログインページ」を選択します。

❷ログイン画面が表示されたら、いつもの手順でログインします。

❸サイドメニュー「URL管理」からログインURLを開くとUTAGEドメイン表記が独自ドメインに差し変わります。

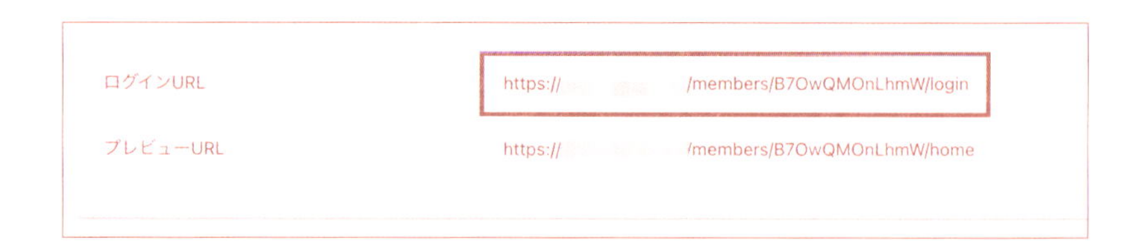


## ログイン時の仮パスワードを取得する

❶アカウント自動発行時の仮パスワードを設定し、コピーしておきます。
❷サイドメニューの「サイト設定」メニューから「基本設定」を開きます。

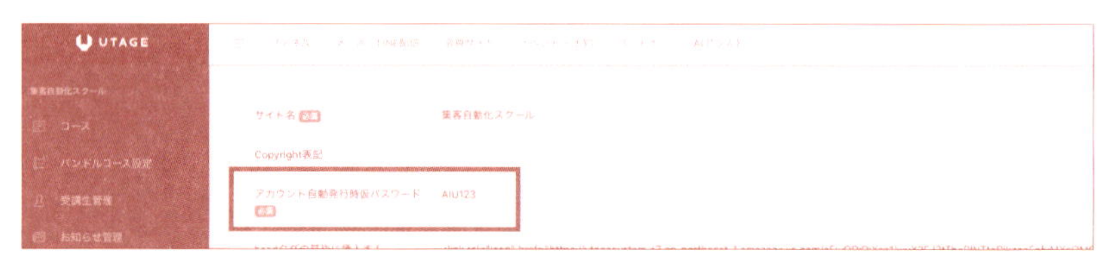


❸「アカウント自動発行時仮パスワード」をコピーします。
今回は、「AIU123」と設定
入力間違いが少なそうなパスワードにしておく方が、「ログインできない」という問い合わせを減らせる可能性が高いです。

ログインページのURL、ログイン時の仮パスワードは後ほど案内メール作成で使うので、メモに保存しておきましょう。

## メールシナリオの設定とアクション設定をする

メールシナリオを設定し、アカウント登録申請フォームを作成します。フォームに登録した人に、アカウントログインの方法を案内していきます。

今回は、「会員サイトビジネス構築」バンドルコースのログイン方法をメールで自動案内するアカウントを作成します。

❶【メール・LINE配信】メニューをクリックし、「アカウント一覧画面」で「＋追加」ボタンをクリックします。

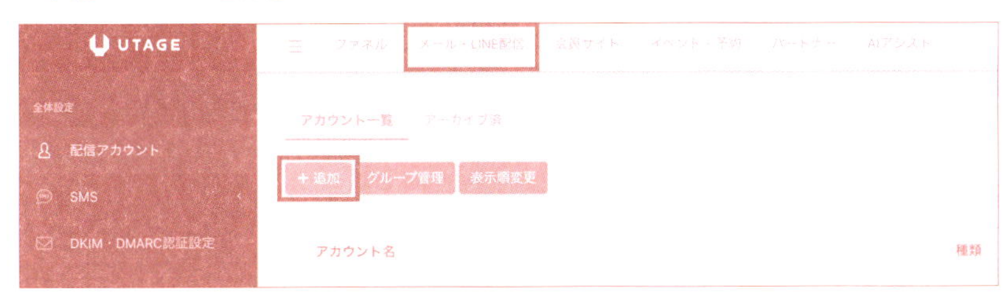


❷「種類」を「メール・LINE併用」「アカウント名」に「会員サイトビジネス構築ログイン案内」を設定します。

- 種類：メールのみ、LINEのみ、メール・LINE併用　から選択（運用方法により選択）
- アカウント名：バンドルコースと共通の名前を設定するとわかりやすい

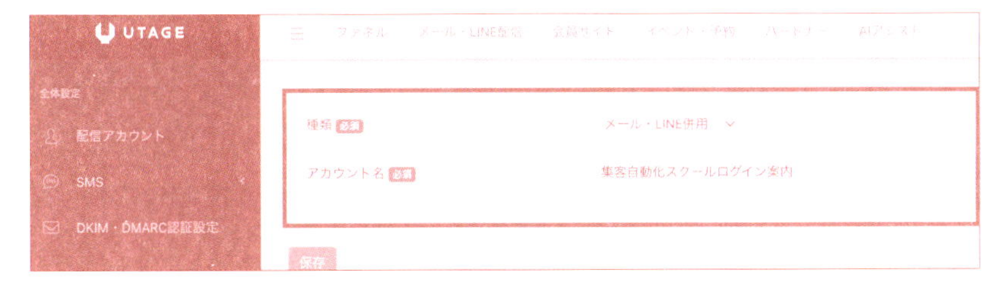


❸「保存」ボタンをクリックして保存します。アカウント一覧に、アカウント名が表示されます。保存したアカウントをクリックして開きます。

❹サイドメニューの「アクション管理」メニューを選択します。「追加」ボタンをクリック。

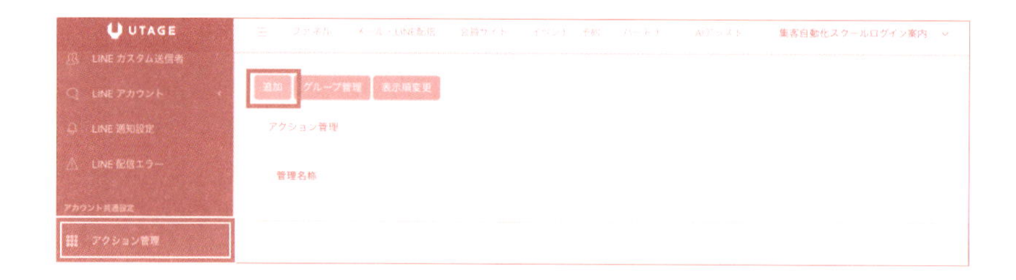


❺バンドルコースへ登録する「アクション」を新規作成します。

- 管理用名称：会員サイトビジネス構築ログインフォーム
- 種類：バンドルコースへ登録
- バンドルコース：会員サイトビジネス構築

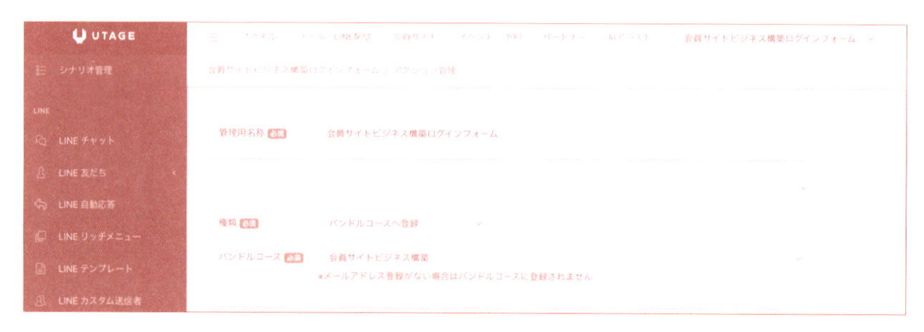


❻「保存」ボタンをクリックして保存します。

❼案内フォーム「シナリオ」を作成します。

【メール・LINE配信】から先ほど作成したアカウント「会員サイトビジネス構築ログイン案内」を開きます。「追加」ボタンをクリックします。

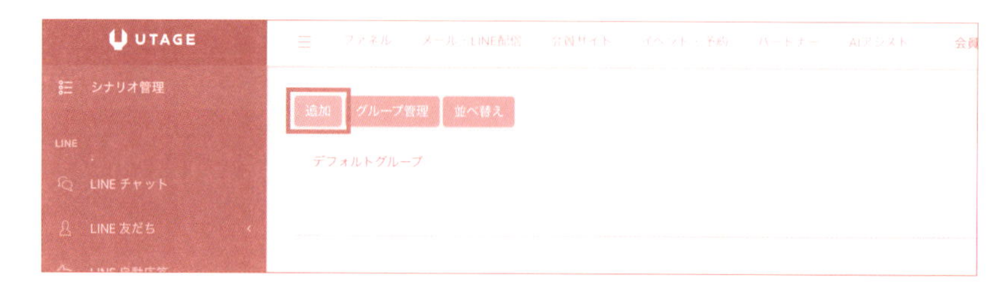

❽＜シナリオ基本設定＞で以下のように設定してみましょう。

- シナリオグループ：デフォルトグループ
- 管理シナリオ名：会員サイトビジネス構築ID発行フォームと入力し「保存」ボタンをクリックします。

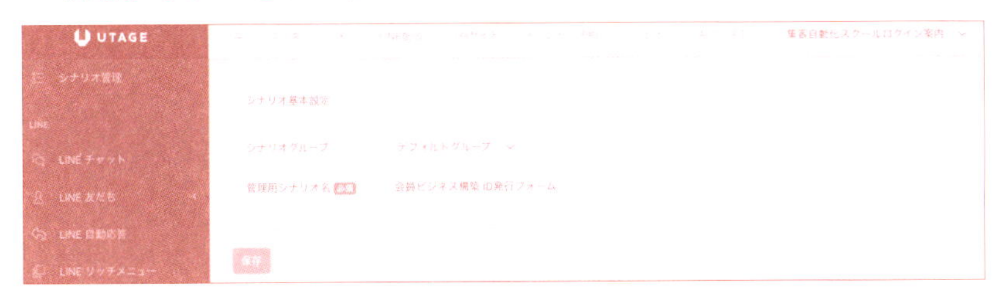


❾「会員サイトビジネス構築ID発行フォーム」シナリオが作成できました。

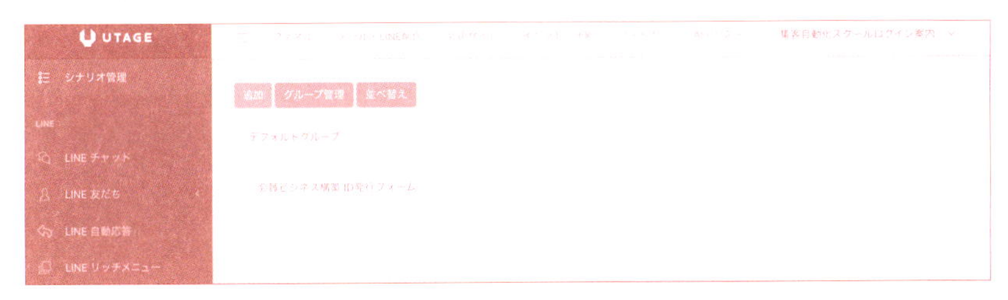


※練習なのでわかりやすく名前をつけたため長くなっていますが、自分が分かりやすい名前であれば短くてもOK。

## 登録フォーム設定

登録時のフォームの入力項目を決めることができます。

❶作成した「会員サイトビジネス構築ID発行フォーム」をクリックします。（❾の続き）
「会員サイトビジネス構築ログイン案内/会員サイトビジネス構築ID発行フォーム」と表示されているのを確認します。

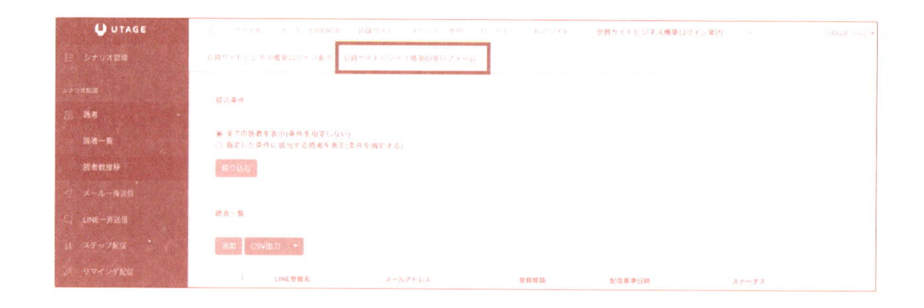


❷サイドメニューの「登録・解除フォーム」メニューをクリックし、「登録フォーム」を開きます。

シナリオ登録用のフォームがすでにできあがっています。

デフォルトではメールアドレスの入力だけなので、もう少しフォームの入力情報を追加します。

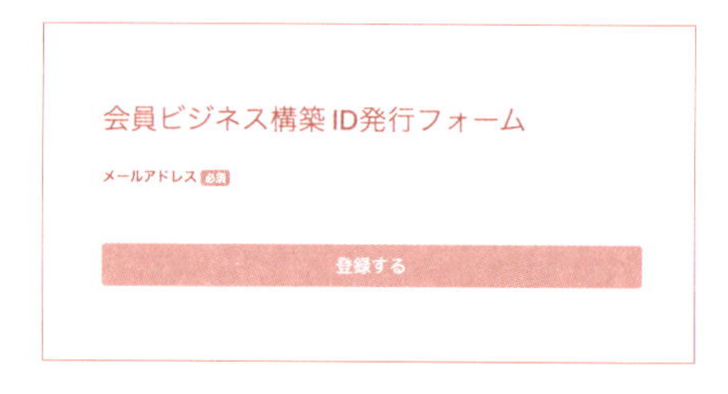


❸サイドメニューの「登録フォーム・読者項目」を選択します。

お名前の「フォーム利用」を「利用する」にします。他にも必要な項目があればここで追加しましょう。

❹さらに、「必須」を「入力必須」に設定します。

名前、メールアドレスが利用する、入力必須になっていることを確認し「保存」ボタンをクリックします。

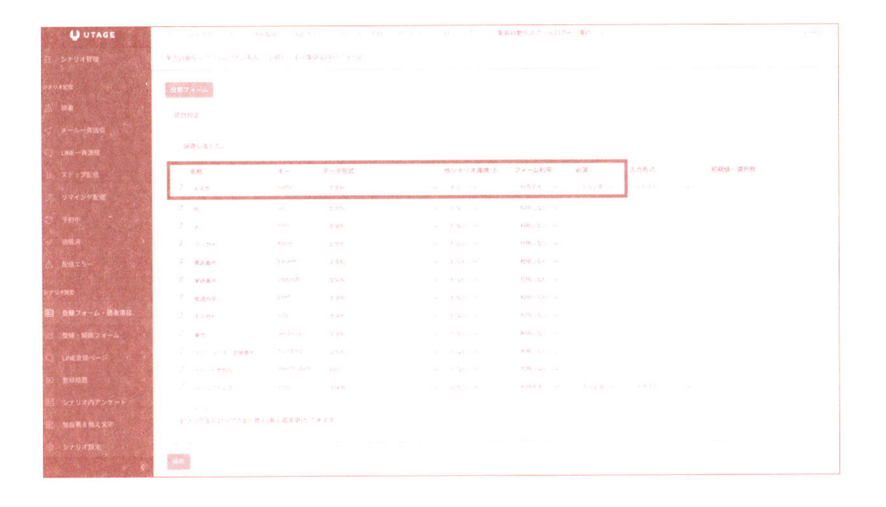


再度「登録・解除フォーム」の「登録フォーム」をクリックして仕上がりを確認します。このフォームURLを配布して、会員サイトログインの登録、ID発行の受付を行います。

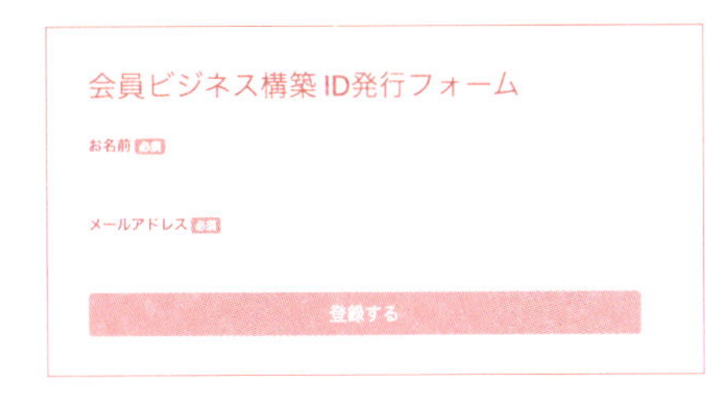


### ●フォーム登録後の、返信メールの内容を作成

登録者向けのステップ配信のメール文面の設定を行います。

❶「シナリオ管理」から今回設定するシナリオを選択し、サイドメニューから「ステップ配信」を選択します。

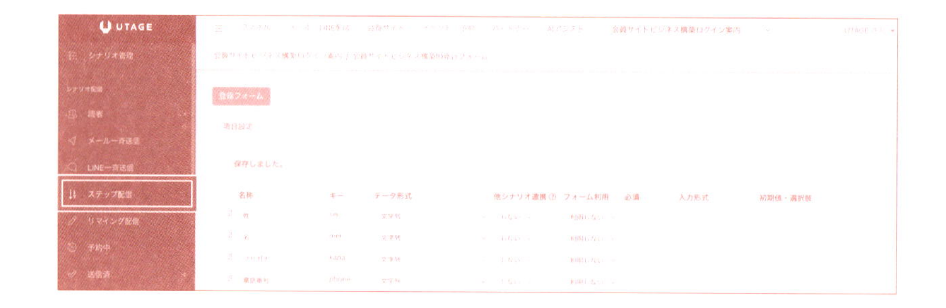


❷シナリオ登録直後のメールでログイン情報を配信するメールを作成します。「メール追加」ボタンをクリック。

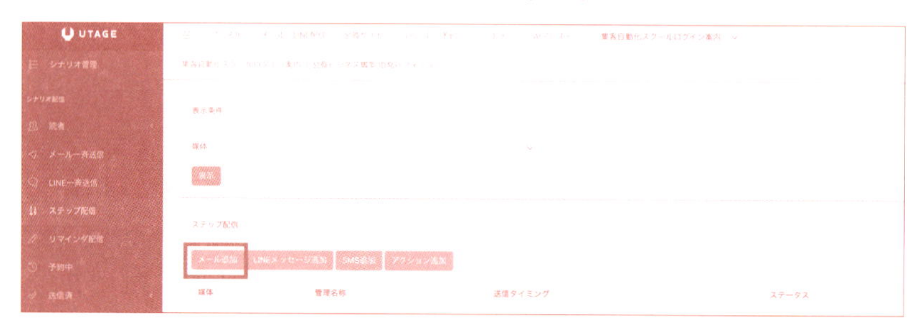


❸＜配信メール＞　必要事項を入力します。

- **送信者名**：送信者の名前を入力
- **送信者メールアドレス**：フリーメール以外を使用
- **件名**：【重要】をつけてログイン方法の連絡だとわかりやすくする。
- **種類**：テキスト、HTMLで選択
- **本文**：サンプルを参考に適宜入力する

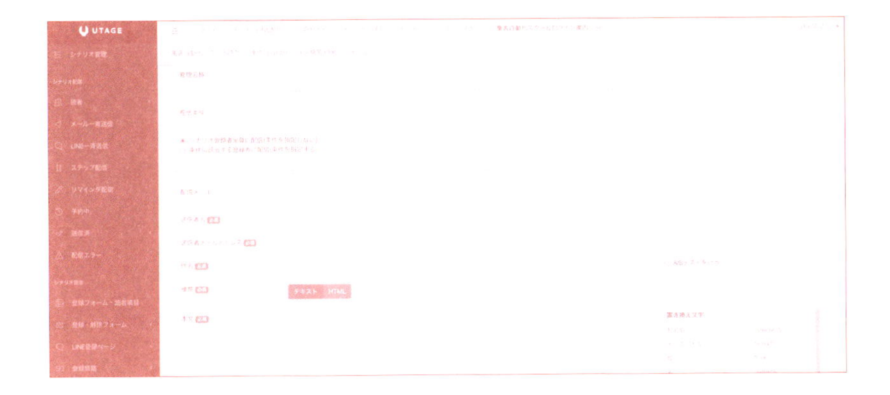


本文のサンプルは以下の通りです。

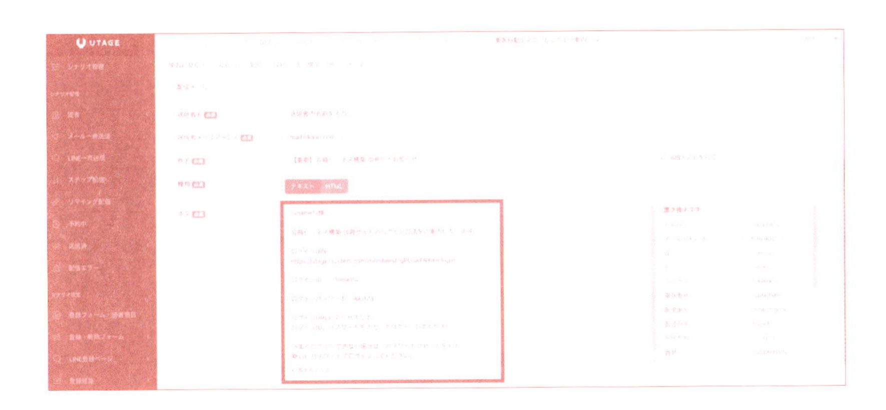


❹ログイン用のURLを「URL管理」から取得しメールに貼り付けします。ログインURLの取得方法は、（ログイン時の仮パスワードを取得する）ですでに紹介済みですので方法はP124を参照してください。

❺文面サンプルを参考に文面を作成します。

%name%様　⇦置き換え文字でお名前を挿入

会員ビジネス構築 会員サイトのログイン方法をご案内いたします。

ログインURL
https://utage-system.com/members/cgP0uwF8XIHr/login
⇦**会員サイトから取得**

ログインID：　%mail%　⇦**置き換え文字でメールアドレスを挿入**

ログインパスワード：AIU123　⇦**会員サイトの仮パスワード**

ログインURLにアクセスして、
ログインID、パスワードを入力してログインしてください。

うまくログインできない場合は、パスワードリセットをして
新しいパスワードでログインしてください。

- **送信のタイミング：**シナリオ登録直後
- **送信後に実行するアクション：**会員サイトビジネス構築ログイン案内（先ほど設定したアクション名を指定）
- **URL置き換えドメイン：**独自ドメインを使用する場合は独自ドメインを指定する。
- **URL置換方法：**独自ドメインを使用する場合は「置換URLを表示」を指定する。

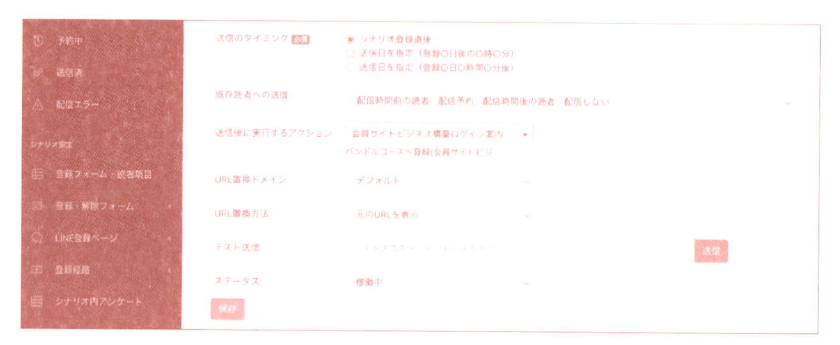

❻「保存」ボタンをクリックします

❼まずテスト送信をしてみましょう。

- テスト送信：テスト送信先メールアドレスを入力し、「送信」ボタンをクリック

❽テストメールが届いたか？　内容も確認しておきましょう。
フッター情報が未入力の場合は、送信者情報も追加しておきます。

件名　【重要】会員ビジネス構築 ID発行のお知らせ

様

会員ビジネス構築 会員サイトのログイン方法をご案内いたします。

ログインURL
https://utage-system.com/members/cgP0uwF8XlHr/login

ログインID：

ログインパスワード：AIU123

ログインURLにアクセスして、
ログインID、パスワードを入力してログインしてください。

うまくログインできない場合は、パスワードリセットをして
新しいパスワードでログインしてください。

❾実際にフォームから入力してみましょう。
メールが届き、そのID、パスワードでログインできるか確認していきます。

会員ビジネス構築 ID発行フォーム

お名前 必須

メールアドレス 必須

登録する

### 登録フォームに説明を追加したい場合は？

「登録フォーム設定」で、登録フォームのさまざまな変更ができます。
追記が必要なときは、適宜変更してください。

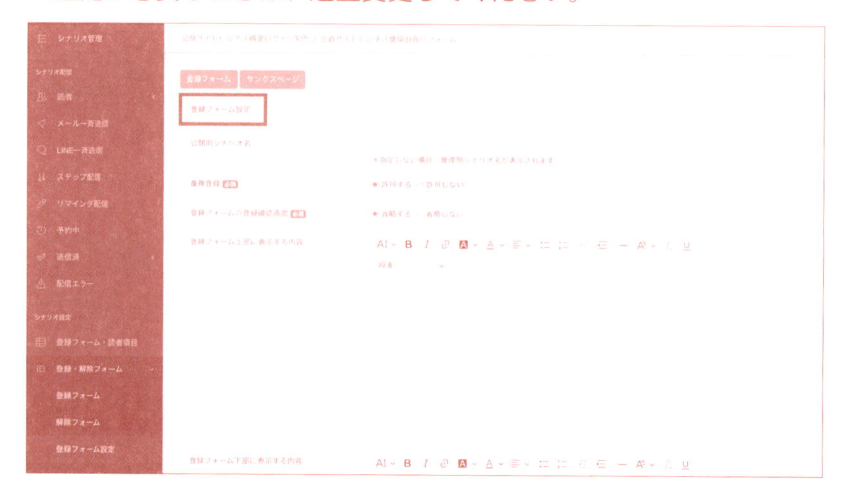


### サンクスページ

登録ボタンをクリックした後に、サンクスページが表示されます。
サンクスページはデフォルトで設定された内容が表示されます。

ご登録ありがとうございます

ご登録頂いたメールアドレス宛にご案内をお送りしました。

メールが届いているか今すぐご確認ください。

しばらく経ってもメールが届かない場合は迷惑メールボックスをご確認ください。

それでもメールが届いていない場合はお問い合わせください。

### サンクスページを変更したい時は？

シナリオを開きサイドメニューの「登録・解除フォーム」の「登録フォーム設定」を選択し、「サンクスページ設定」で編集します。

### 登録フォームから登録したのにログインしても表示されないときは？

・バンドルコースが設定されていない

バンドルコースを設定し忘れていないか再度確認してください。

・コース、レッスンが公開されていない

コース、レッスンを「公開」にする。

## 無事ログインできるか、受講生登録されたか確認する

無事登録ができ、ログインすると受講生として登録されます。

❶【会員サイト】メニューをクリックし、サイドメニューから「受講生管理」メニューを開くと「受講生管理」に先ほどフォームから参加したIDで、受講生追加されているのを確認しましょう。

### 登録フォームを作成するメリットとは？

ステップ配信に、登録者リストが入ってくるので、後からまとめて登録者全員に一斉送信ができます。

ログイン情報を手動で送ることは可能ですが、後から登録者リストでステップ配信したくなった時に登録者リストに追加するのも手動になってしまいます。

CHAPTER-3 コースの作成と受講生の管理 3

誰に送ったのか管理するため、今後の情報配信を楽にするためにも、登録フォームを作成しておく方が、受講生管理はしやすくなります。

### ●会員サイトをログイン不要で閲覧できるようにする方法

【会員サイト】でログイン不要で解放したい会員サイトを開き、サイドメニューの「URL管理」から「プレビューURL」のリンクを配布します。

ログインなしで直接ページにアクセスできます。

何をログイン不要で表示させるのか、リンクの配布は慎重に行なってください。

SECTION 3-07

# お知らせ管理とは？

会員サイトにお知らせを表示して、会員にお知らせ・情報を届けられます。アップデート情報やイベント情報などフォローアップに活用できます。

## お知らせを設定する

❶【会員サイト】メニューをクリックし、「集客自動化スクール」を選択。会員サイト一覧から作業をする会員サイトを開きます。サイドメニューから「お知らせ管理」を開きます。

❷「＋追加」ボタンをクリックしてお知らせを追加します。

- **タイトル**：内容がわかりやすいタイトルを記入します。
- **種類**：リッチテキスト、コンテンツエディターから選択します。
- **内容**：お知らせ内容を入力します。
- **ステータス**：下書き→公開設定にします。
- **公開日時**：任意の日時を設定します。予約投稿も可能。

### お知らせの追加方法

さらにお知らせを追加するときは、「＋追加」ボタンで設定します。

ただし、連絡が多く並びすぎると、何が大切か分かりにくくなります。最初の３つがトップ表示されることを考慮し、何をトップに持ってくるのがいいか？　を工夫してみましょう。

「お知らせ管理」からお知らせを4件作成し公開日程をばらして設定してみましょう。

### お知らせを表示して確認しましょう

追加したお知らせがどのように表示されるのか確認します。会員サイトをプレビューしてみましょう。

❶サイドメニューの「URL管理」から「プレビューURL」を開きます。

❷追加したお知らせのタイトルが表示されます。

### お知らせが表示されない場合は

サイドメニューの「ページ設定」から「コースページ」を開きます。「お知らせ」が「表示しない」になっています。「表示する」に変更し、「保存」ボタンを押して更新を保存しましょう。

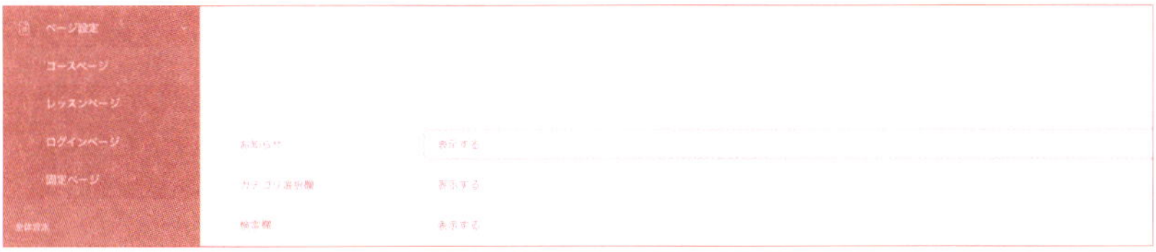

❸お知らせは直近3件がHOME画面に表示されます。

<サンプル>

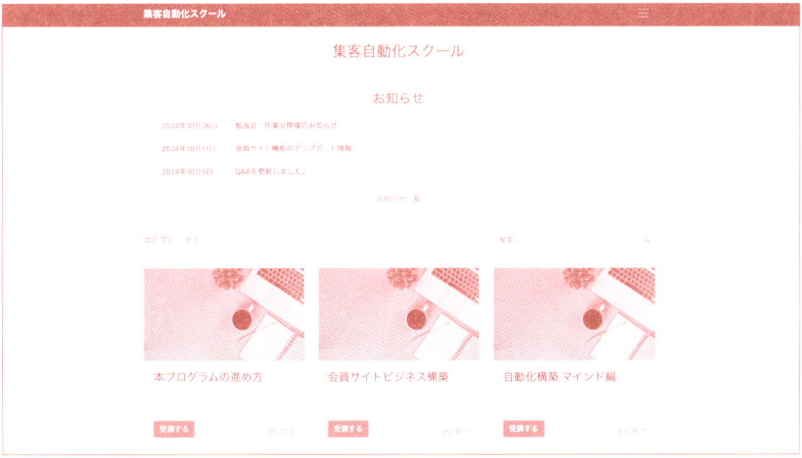

❹4件目以降は、「お知らせ一覧」をクリックすると過去のお知らせを確認できます。

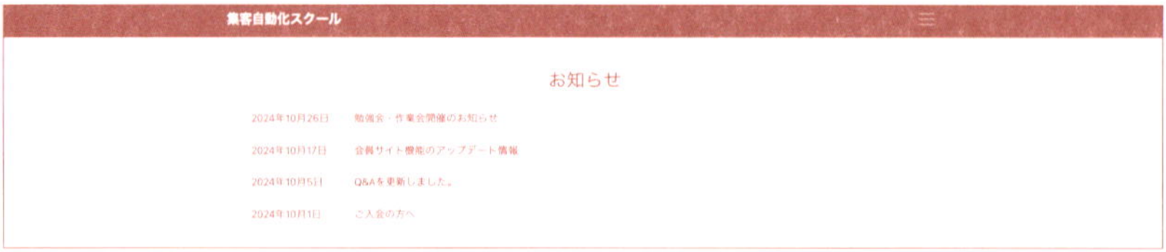

集客自動化スクール

お知らせ

2024年10月26日　勉強会・作業会開催のお知らせ

2024年10月17日　会員サイト機能のアップデート情報

2024年10月5日　Q&Aを更新しました。

2024年10月1日　ご入会の方へ

SECTION 3-08

UTAGE

# コメント機能を活用しよう

コメント機能では、受講生からコメントしてもらい、コミュニケーションを高めることができます。コメントが入った時の見逃し防止の便利な機能もご紹介します。

## コメント機能の使い方

### レッスン管理サイトで各レッスンを開いて設定

「コメント設定」の「コメント機能」を「利用する」に設定します。

「コメント設定」

- **コメント機能**：「利用しない」「利用する」から選択します。
- **投稿されたコメント**：「全て表示する」「投稿後に全て表示する」「自信が投稿したコメントだけ表示する」から選択します。

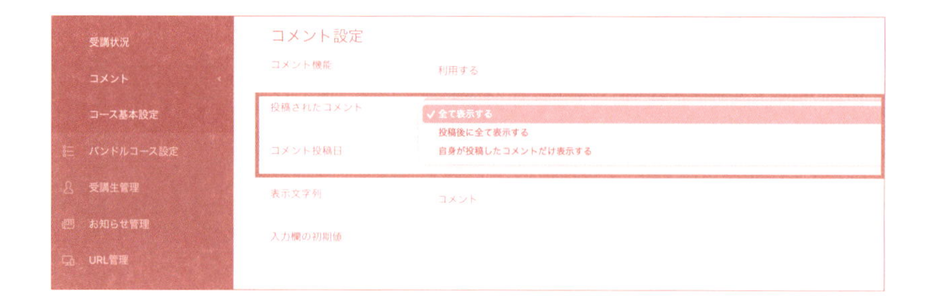


- **コメント投稿日**：「表示する」「表示しない」から選択します。
  過去の投稿日を表示したくない場合は「表示しない」を選択。
- **表示文字列**：「コメント」「課題」「カスタム」（文字列を指定）
- **入力欄の初期値**：入力欄表示したい文字列を指定します。

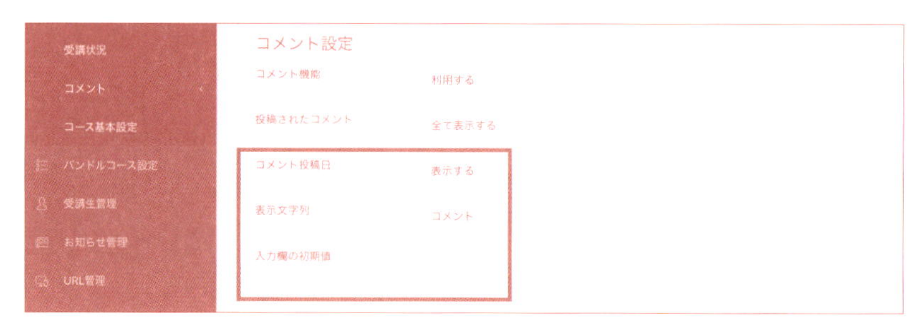


● サイドメニューの「返信プロフィール設定」

受講生に返信するのは誰なのかを設定します。

主催者本人、専門スタッフ、事務局など返信者のプロフィールが設定できます。

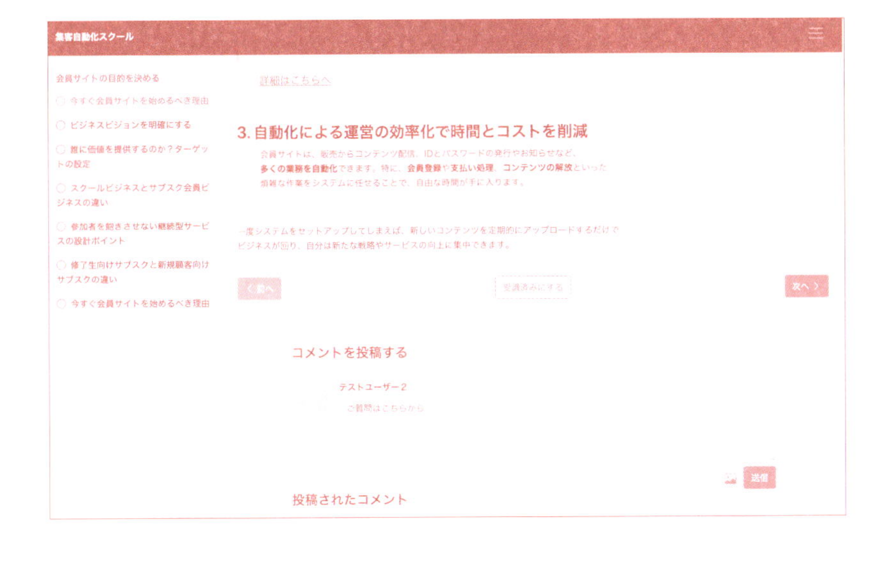


❶コメントメニューを変更したいレッスンを開きます。
サイドメニューの「コメント」をクリックするとさらにメニューが表示されます。

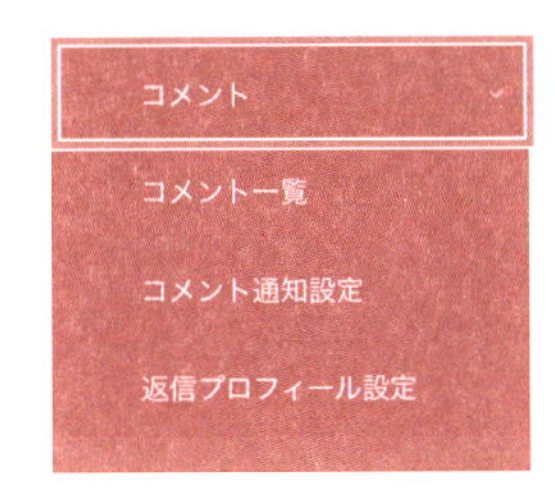


## 「コメント一覧」メニュー

コメント、投稿者、コース、レッスン、投稿日時を表示。どのレッスンからいつ誰がコメントを投稿したのかがわかる。

<コメント機能>以下の設定ができます。

- **コメント機能**：利用する、利用しない
- **投稿されたコメント**：全て表示する、投稿後に全て表示する、自分が投稿したコメントだけ表示する
- **コメント投稿日**：表示する、表示しない
- **表示文字列**：コメント、課題、カスタム
- **入力欄の初期値**：入力しやすいように、サンプルとして初期値を入力できる

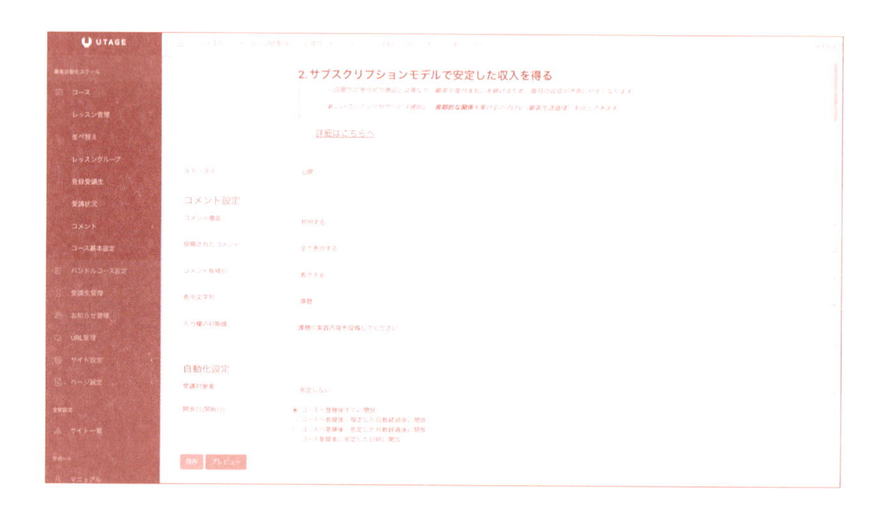


- **投稿されたコメント**：全て表示する、投稿後に全て表示する、自分が投稿したコメントだけ表示する
- **全てを表示する**：他の受講生コメントも含めこれまでのコメントが全て表示されます。
- **投稿後に全てを表示する**：受講生自身のコメント投稿後以降の、他の受講生コメントが全て表示されます。
- **自身が投稿したコメントだけ表示する**：他の受講生コメントは非表示に、自身が投稿したコメントのみが表示されます。

コメントのやり取りや、以下の例のように表示文字列を「課題を提出する」と表示させて、課題のやり取りをコメント機能で行うこともできます。

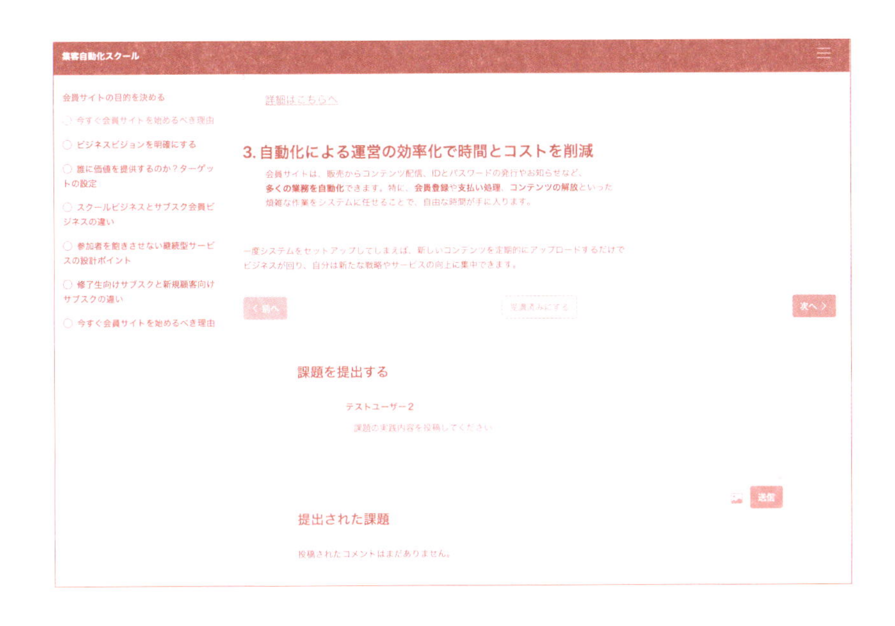


## ＜受講生ビューだとこのように表示されます＞

この表示は、「テストユーザー２」受講生表示です。

送信ボタンの左側の画像ボタンをクリックして画像を送信することもできる。

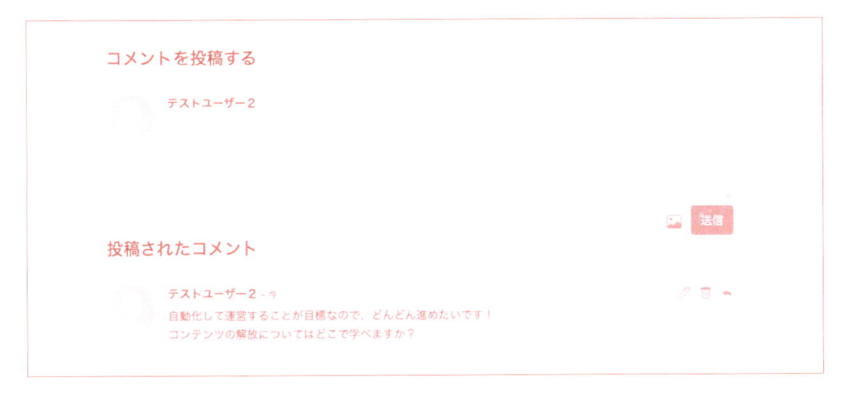

「コメント一覧」メニューではコメントが一覧表示されます。

コメントをクリックするとレッスンサイトにジャンプしてコメントが表示されます。または、操作メニューから「開く」を選択します。

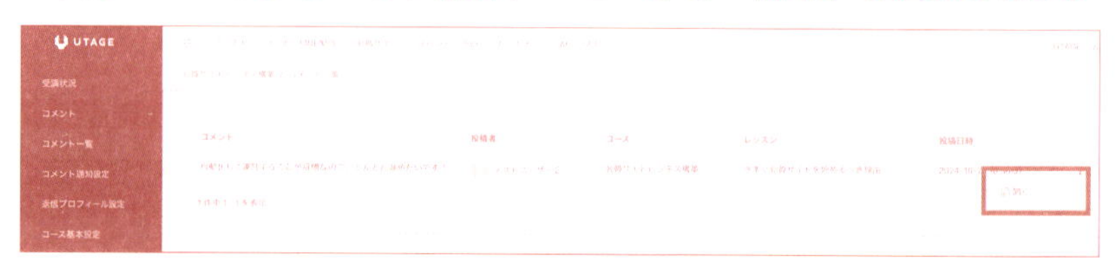


## コメントを返信するには？

コメントを開けばすぐに返信画面になります。

運営アカウント（スタッフA）からコメントを開くとこのように見えます。

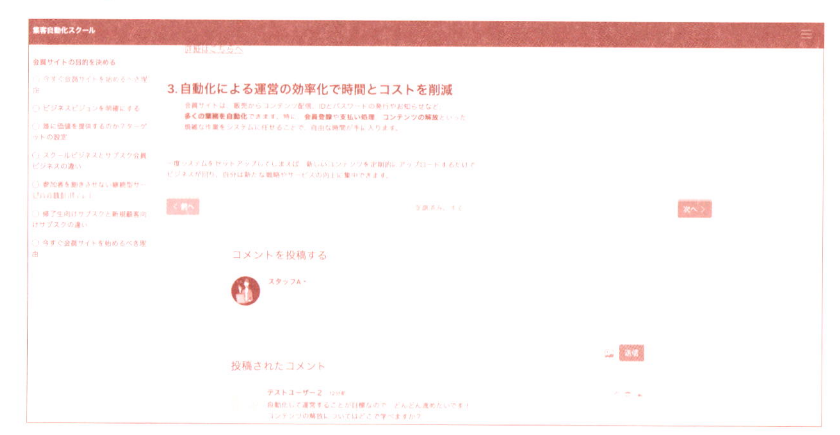

スタッフ名の▼をクリックして、スタッフの切り替えもできます。

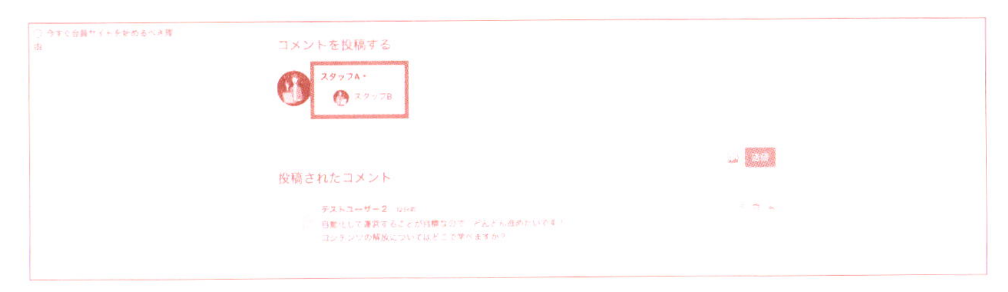


運営側から返答するとこのようにコメントの履歴が表示されます。

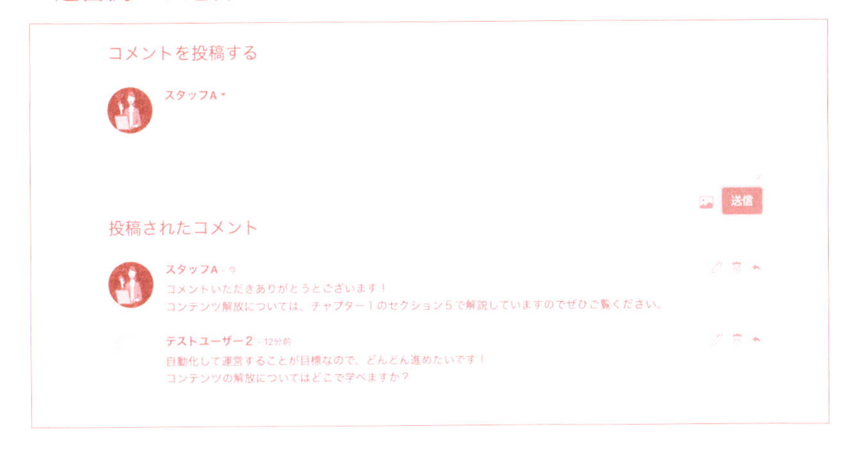


<受講生ビューだとこのように表示されます>

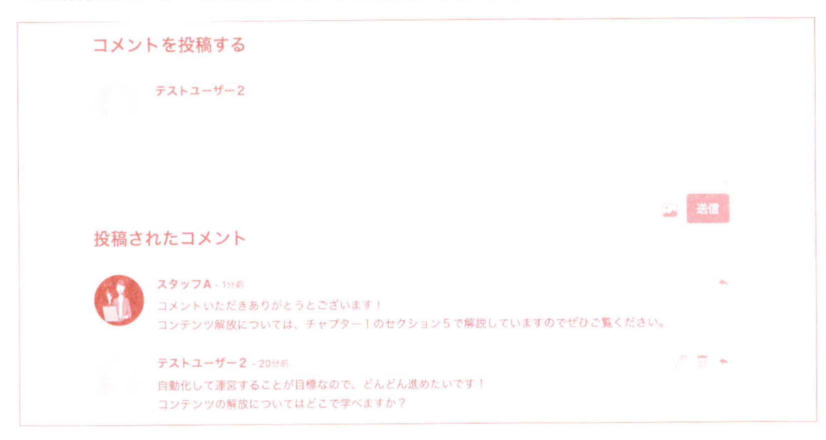

**※返信ユーザーが表示されない場合は**

UTAGE構築をしている最中で、ユーザーとスタッフ側からの動作確認を一人二役で操作している場合、操作中のUTAGEを「ログアウト」してから再ログインを試してみてください。

**「コメント通知設定」メニュー**

- **メールでの通知**：「通知しない」、「通知する」を選択します。
  通知する場合は、通知先メールアドレスを指定。
  複数メールアドレスの場合はカンマで区切って入力します。

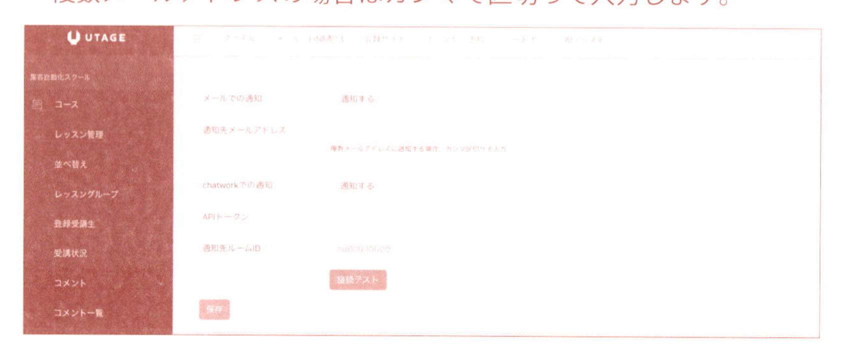


- **Chatworkでの通知**：「通知しない」、「通知する」を選択します。
  通知する場合は、「ChatworkのAPIトークン」、「通知先ルームID」を指定します。

**「返信プロフィール設定」メニュー**

プロフィールの設定をしてみましょう。

❶「返信プロフィール設定」メニューを開き、「＋追加」ボタンをクリックします。

❷「プロフィール画像」の「ファイルを選択」ボタンをクリックし画像を選択します。

※画像サイズは10MB以下、画像比率は1:1を推奨

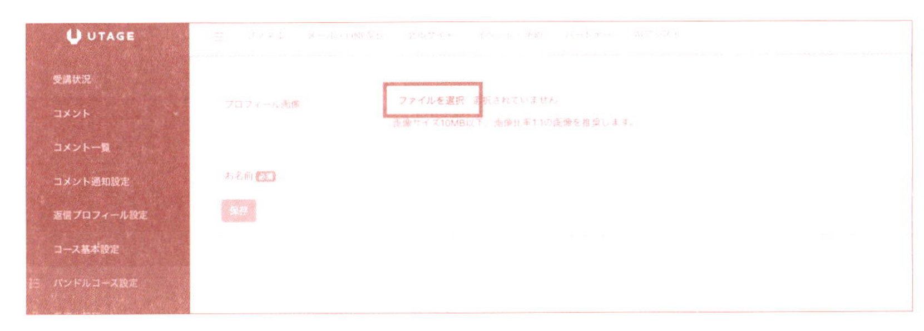


❸画像がアップロードできたら、「お名前」を入力し、「保存」ボタンをクリックします。

## ❹同様にして、他のスタッフも追加してみましょう。

## ❺「表示文字列」を「コメント」に変更してみましょう。

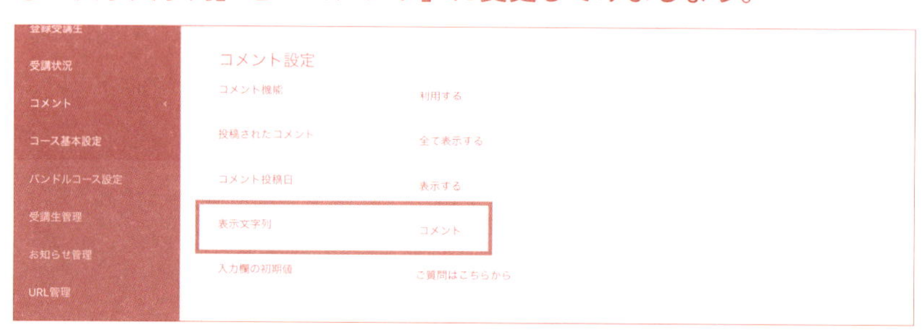


## ❻ユーザーでログインして、表示を確認してみましょう。

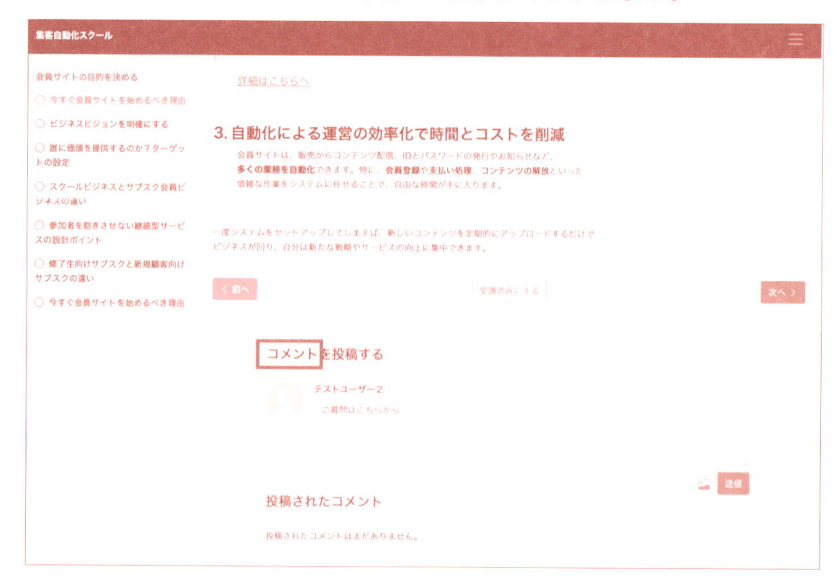

❼「課題」「入力初期値」を変更して、プレビューしてみてください。

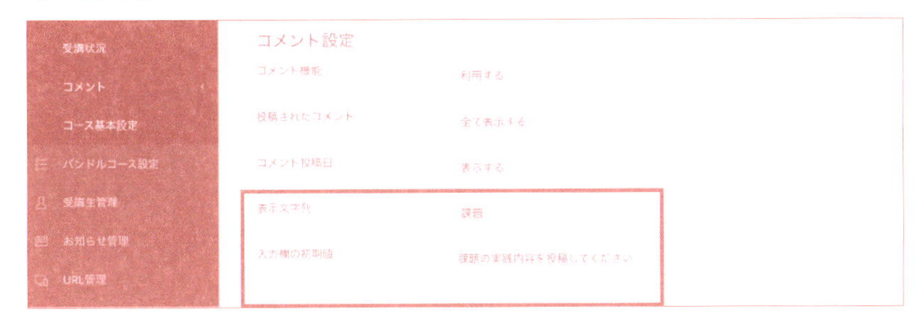


❽表示文字列が「課題を提出する」になりました

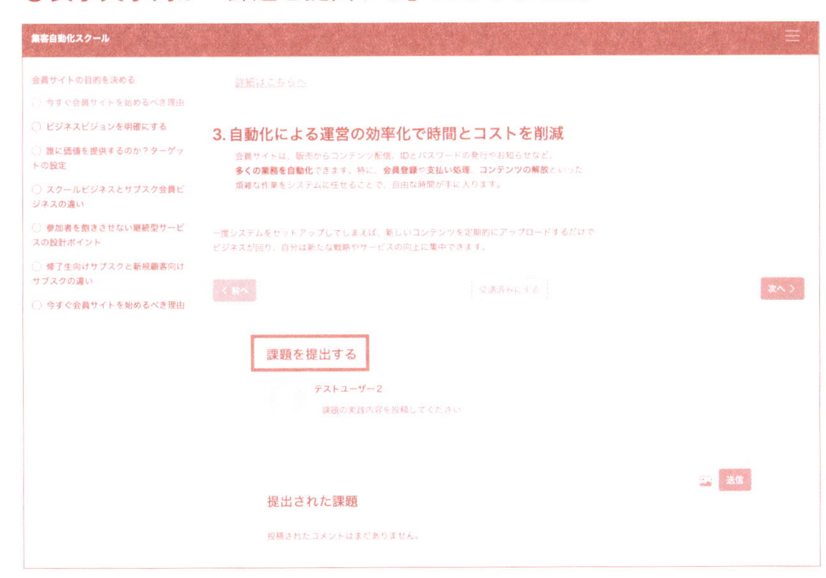


ユーザー側からコメントを入れて、二役のやり取りをしながら操作の確認を行なってください。

コメント通知機能を設定した場合は、どのように通知が届くのか？もあわせて確認してみてください。

SECTION 3-09

UTAGE

# 受講生管理とは？

会員サイト受講生のコース登録・解除、受講状況の確認ができます。
※「受講生管理」での登録や解除は「手動」扱いとなります。連携シナリオがある場合には、受講生の追加も手動で変更してください。

## 受講生リストを確認する

❶【会員サイト】メニューから、会員サイトを開き、「受講生管理」メニューをクリックします。

受講生の1人をクリックして開くと、受講状況が確認できます。

<コース追加>

- **追加するバンドルコース**：受講するバンドルコースの追加ができます。
- **追加する単一コース**：受講する単一コースの追加ができます。

<登録済みのバンドルコース>

<登録済みの単一コース>

登録済みのバンドルコース、単一コースが表示されます。

## 受講生に受講コースを追加する<手動操作>

- 追加するバンドルコース：バンドルコースをリストから選択し「追加」ボタンでバンドルコースを付与できます。

<追加するバンドルコース>

- 追加するバンドルコース：バンドルコースをリストから選択し「追加」ボタンで１つのコースを付与できます。

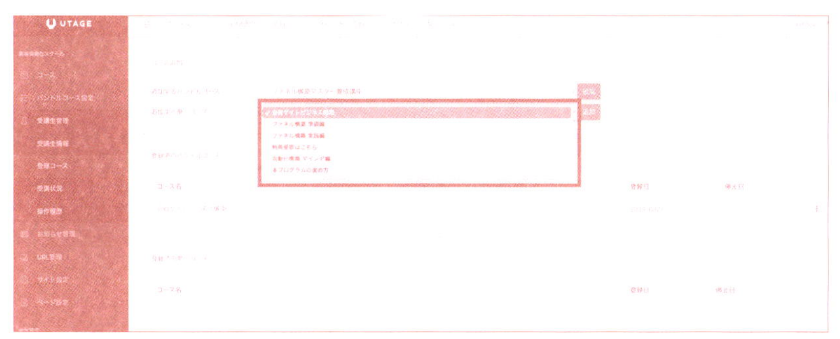

バンドルコースが追加されました。同様に単一コースも追加してみましょう。

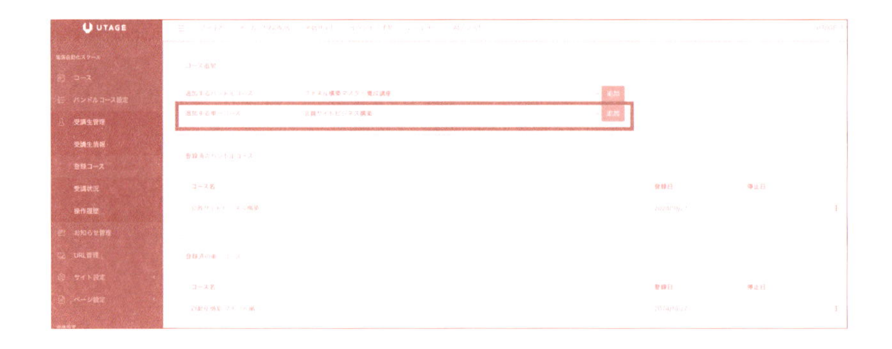

## 受講生の受講コースを解除する<手動操作>

❶コース名の右端にある「操作メニュー」をクリックします。

❷「登録日編集」「停止」「登録解除」から選択できます。

「停止」を選ぶと、受講していた履歴は残ります。

「登録解除」すると、登録していた履歴も消えます。

- **登録日編集**：コース登録日を編集できます。

## 受講状況を確認する

❶「受講生管理」メニューをクリックし、表示された受講生の1人をクリックします。
サイドメニューの「受講状況」をクリックします。
❷受講生の受講状況をステータス（%表示）で確認できます。

❸%の詳細を確認する場合は、コース名をクリックします。どのレッスンが受講済みか確認できます。

実際の運用前に受講履歴の表示テストをするには、過去に作成したコースやレッスンに受講生としてログインし、レッスンを受講しながら進め、「受講完了」に設定していくと、「受講状況」のステータスに反映されていきます。

## 操作履歴を確認する

❶サイドメニューの「操作履歴」をクリックします。日時と種類を確認できます。

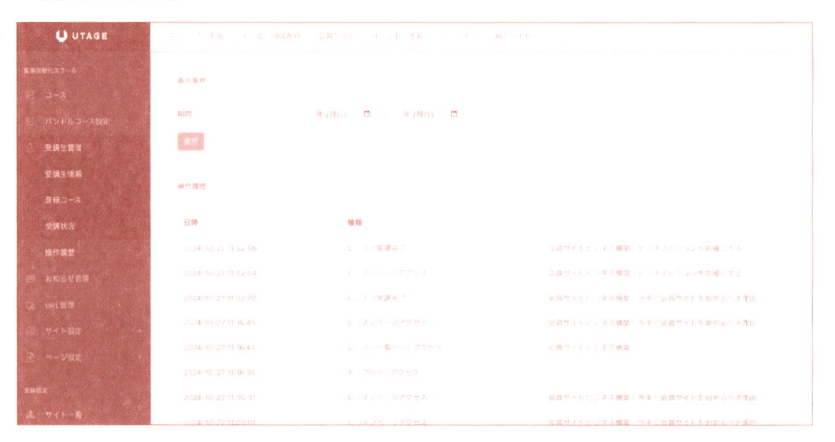


**TIPS** 受講履歴や、操作履歴は、動きのない生徒の活動状況を確認するのに役立ちます。サービスを受講したのに成果が出ない、ということを防ぐために操作していない人の状況を確認しフォローアップをしていきましょう。

## 手動で受講生を新規登録する

❶【会員サイト】メニューから「コース」を選択します。「受講生管理」メニューをクリックし「＋追加」ボタンをクリックします。

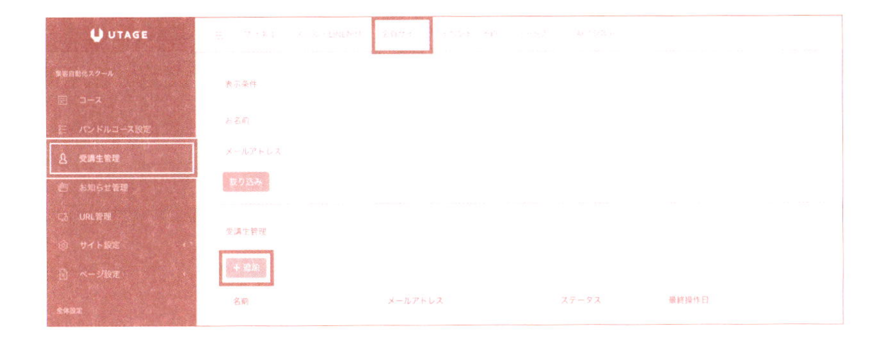


＜受講生追加＞で必要事項を入力して、「保存」ボタンをクリックして保存します。

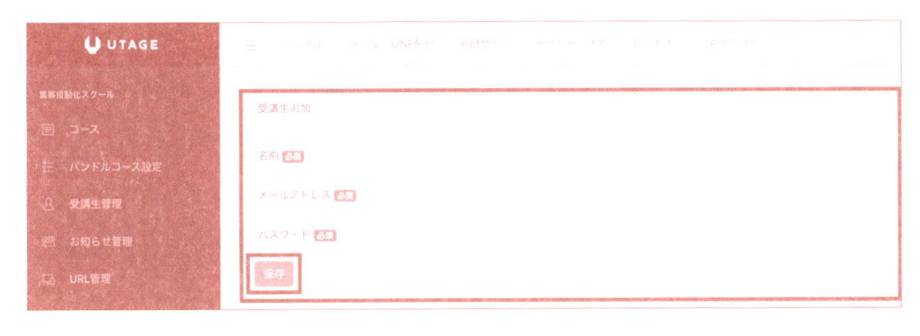


## ＜CSV一括追加＞

CSVデータで受講生登録ができます。

最初にフォーマットをダウンロードします。種類を選択し「フォーマットダウンロード」をクリックします。

フォーマットに合わせて追加したい受講生情報を入力し、CSVデータで保存します。

保存時の文字コードは「UTF-8」にしてください。

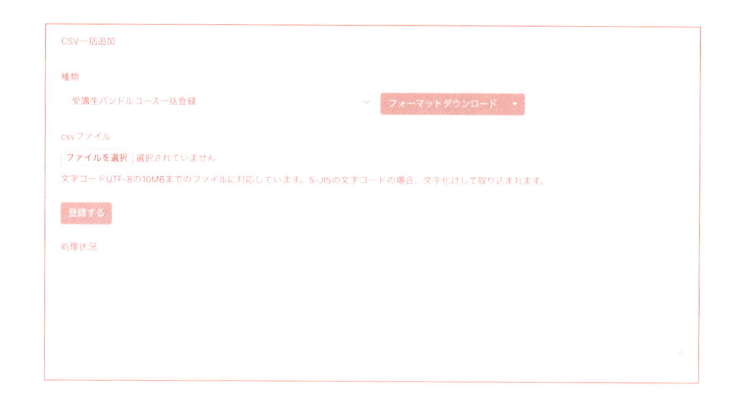


データが保存できたら、「CSVファイル」を「ファイルを選択」ボタンから選び、「登録する」ボタンをクリックして追加します。

## 受講生を削除する

削除したい受講生の操作メニューから、「削除」を選択します。確認メッセージで「OK」をクリックすると削除されます。

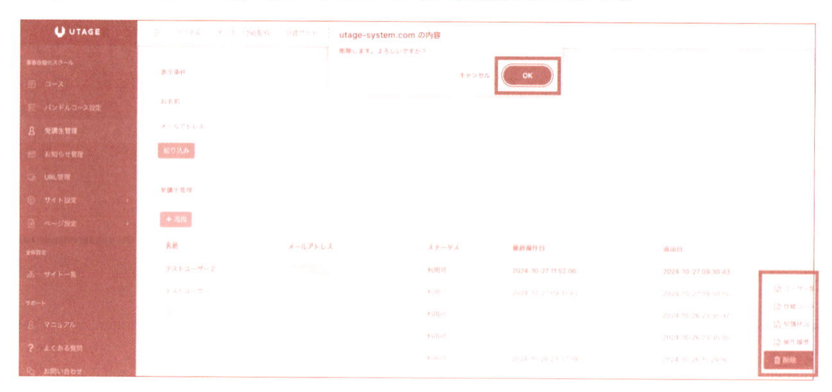

CHAPTER

4

# 使う素材を<br>アップロードする

4

SECTION

# メディア管理とは？

UTAGEシステムでは、メディア素材をアップロードしてフォルダに分けて管理することができます。YouTubeやVimeoにアップロードするリスクを軽減できます。

## メディア管理（画像/音声/PDF）

メディア管理では、画像、音声ファイル、動画、PDFファイルなどをアップロードして管理できます。メディア管理における特徴は次のとおりです。

- 拡張子の制限は特になし。
- ウェブ表示に適していないファイルはzipに圧縮してからアップロードする。（csv、keynote、pages、txt、word, excel等）
- ファイルのアップロード容量は１TB（月額従量制で追加可能）
- 作成日、更新日、名称で並べ替えができる
- キーワード検索ができる

### メニューの使い分け

UTAGE画面右側に表示されているアカウント名をクリックするとメニューが表示されます。

- **メディア管理：**MP4動画以外のメディアをアップロードして管理できます。
- **動画管理：**名称変更、サムネイル変更、チャプター設定、分析、ダウンロードが可能です。

動画ファイルを「メディア管理」にアップロードしても動画再生が正常動作しないので注意しましょう。動画をアップロードする場合は「動画管理」にアップします。

- 音声管理：名称変更、分析、ダウンロードが可能です。

※メディアフォルダの共通操作については、特典資料の中で説明しています。

## メディア管理を開く

5Gまでのファイルをアップロードできます。

❶右上の▼からメディア管理を選択します。

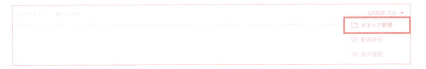


## 新規フォルダを作成して分類する

クライアントや、プロジェクトごとに素材を分けておくと便利です。

❶「＋新規フォルダ」ボタンをクリックします。

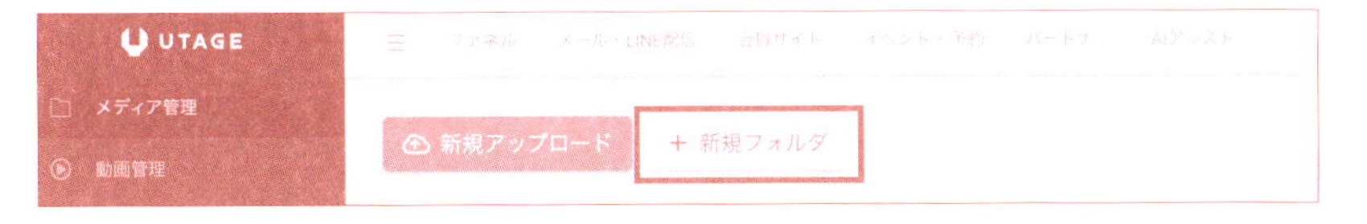


❷フォルダ名を入力して「保存」ボタンをクリックします。

「集客自動化スクール」フォルダを作成してみましょう。

❸作成後、サイドメニューの「メディア管理」をクリックすると、その中に作成済みのフォルダが表示されます。「集客自動化スクール」のフォルダが表示されています。

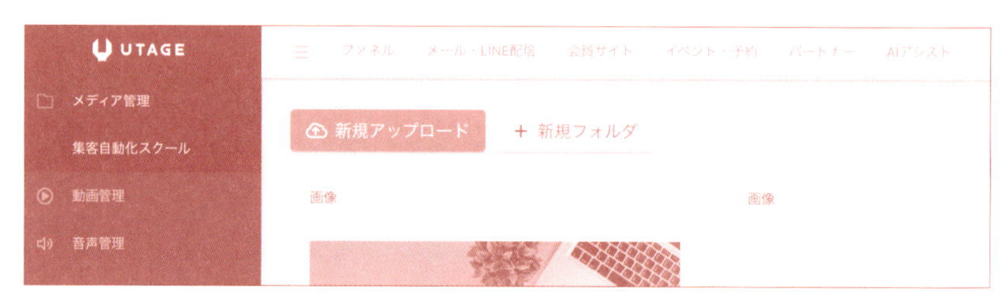


## メディアを新規アップロードする

ボタンの簡単操作で、メディアをアップロードできます。

❶右上の▼からメディア管理を選択

❷「新規アップロード」ボタンをクリックします。

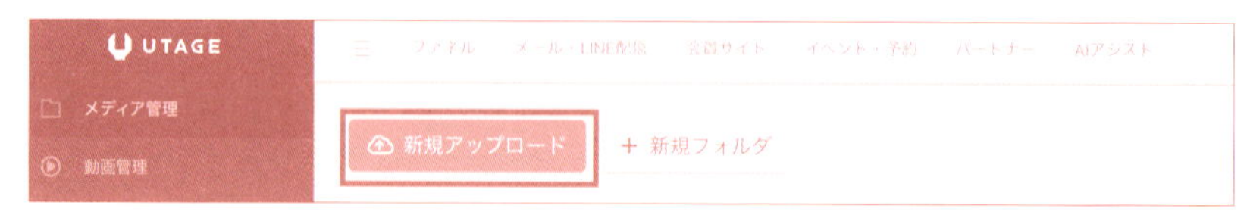

❸ファイルを選択し、アップロードをクリックします。

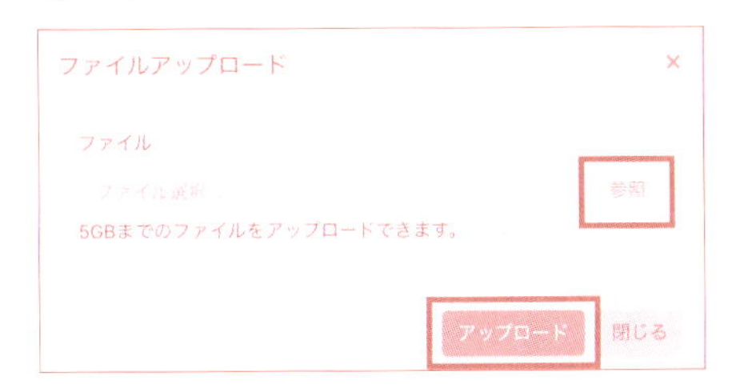


❹ファイルがアップロードされURLが表示されます。

アップロードしたメディアのURLをコピーして利用できます。

## フォルダーを指定して、アップロードする

いろいろなファネルを管理すると、メディアがどんどん増えていきます。フォルダにあらかじめ分類してからアップロードすると整理も簡単になります。

❶サイドメニュー「メディア管理」の中にある作成済みのフォルダ名をクリックして開きます。

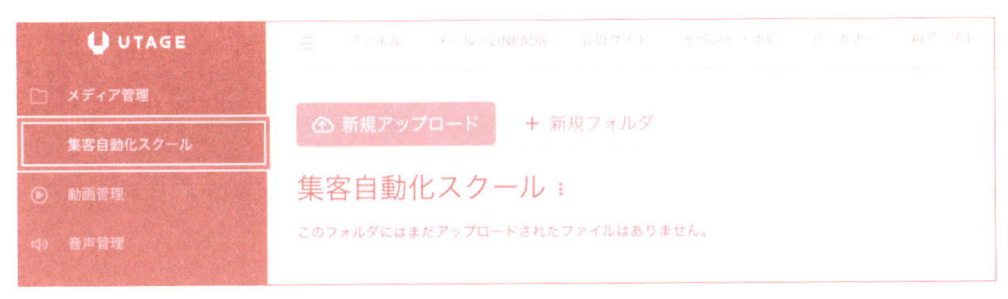

❷フォルダの中に表示される「新規アップロード」ボタンをクリックして指定したフォルダにアップロードできます。
❸アップロード済みのメディアをフォルダに移動したい場合は、ファイルをドラッグ＆ドロップでフォルダに移動するだけでOKです！

## メディアの削除方法

メディア一覧から削除すると素材を使用しているページからも削除されます。削除をしても影響がないのか事前に確認して操作します。

❶削除したいメディアの操作メニューより「削除」を選択します。
❷削除の確認メッセージが表示されるので「OK」をクリックすると削除されます。

## メディアの利用方法

メディア管理にアップロードしたメディアを会員サイトに挿入する方法をご紹介します。会員サイトのレッスンのコンテンツエディターを使用して、設定します。

❶【会員サイト】メニューをクリックし、編集したい会員サイトをクリックします。
❷「コース名称」で編集したいコースをクリックします。
❸レッスンがまだ作成されていない場合は「追加」ボタンをクリックしてレッスンを追加します。
❹レッスン名をクリックし、「種類」で「コンテンツエディター」をクリックし、左下の「編集」ボタンをクリックします。
❺コンテンツエディターが開きます。コンテンツエディターから、メ

ディア管理にある素材を、URLを利用して呼び出していきます。
❻白紙の中央にマウスポインタを合わせると要素が表示されます。青の＋をクリックします。

❼画像を追加する場合は、「要素追加」から画像の要素をクリック。音声や動画、PDFなど素材に合わせて選択します。
❽画像の要素が追加されます。どの画像を挿入するのか、リンクを指定します。「画像URL」にメディアのリンクを貼り付けてメディアを挿入します。あらかじめ「メディア管理」で利用したいメディアのURLをコピーしておくと便利です。

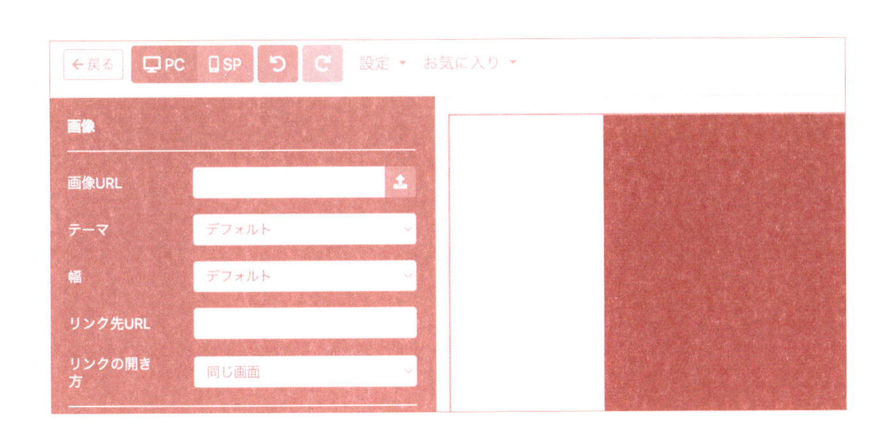

SECTION

# 動画管理について

UTAGEシステムに直接動画をアップロードして管理できる機能です。大量の文章を書くよりも動画で伝えた方が短時間でより情報が伝わるためマーケティングには非常に有効な手段です。

## 動画を新規アップロードする

UTAGEには、50GBまでの動画ファイルをアップロードすることができます。

❶メディア管理を開き、サイドメニューの「動画管理」をクリックし、「新規アップロード」ボタンをクリックします。

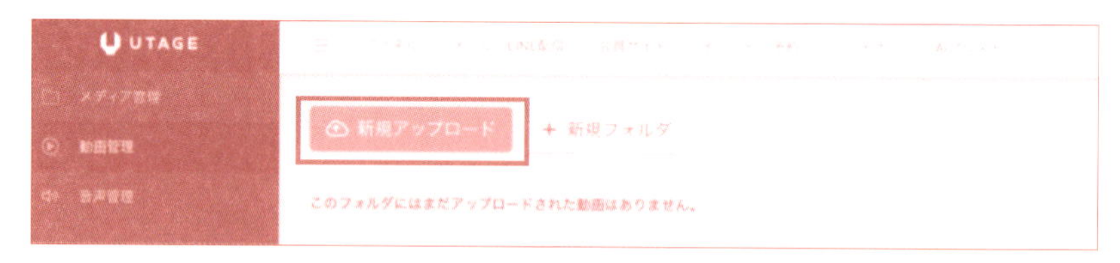


❷ファイルを選択してアップロードをクリックします。
複数の解像度を出力すると最適化処理に時間がかかります。
※動画最適化後のファイルサイズがストレージ容量として加算されます。

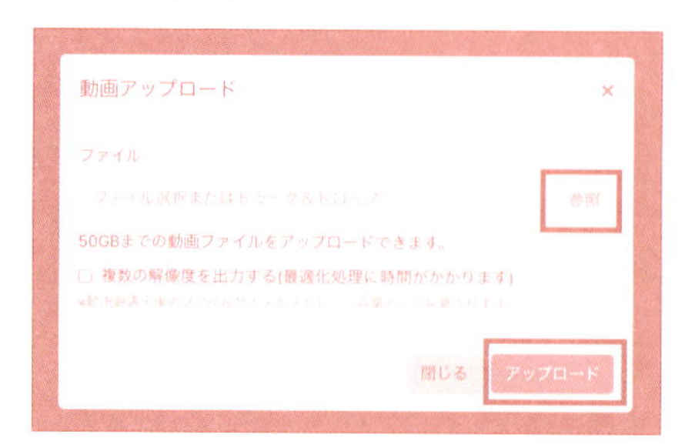

❸アップロード中は、右下にインジケータが表示されます。アップロードに時間がかかることがありますが、ページを閉じてしまうと、アップロードが中断してしまうので、完了するまでそのまま待ちましょう。

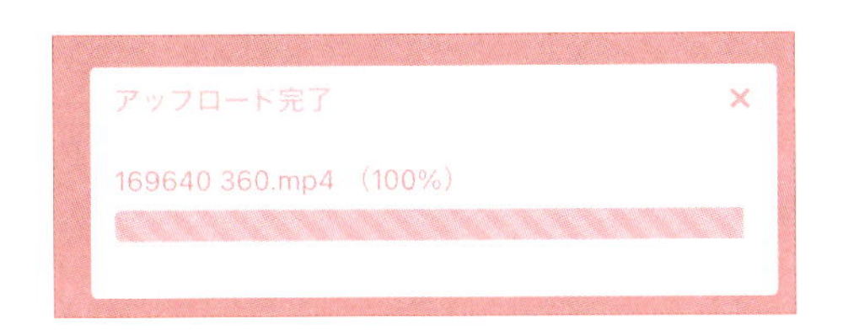


❹「アップロードが完了しました」とメッセージが表示されたら「OK」ボタンをクリックして閉じます。

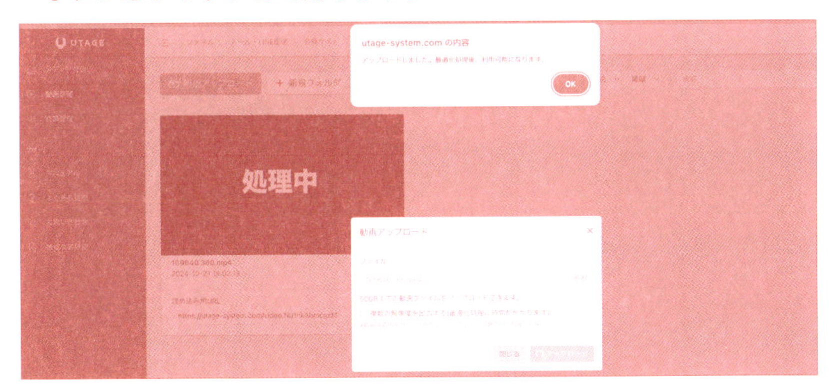


動画管理に、ファイルがアップロードされたことを確認してください。

## アップロードした動画を開く

アップロードした動画を開くには、操作メニューから行います。

❶開きたい動画の操作メニューをクリックします。

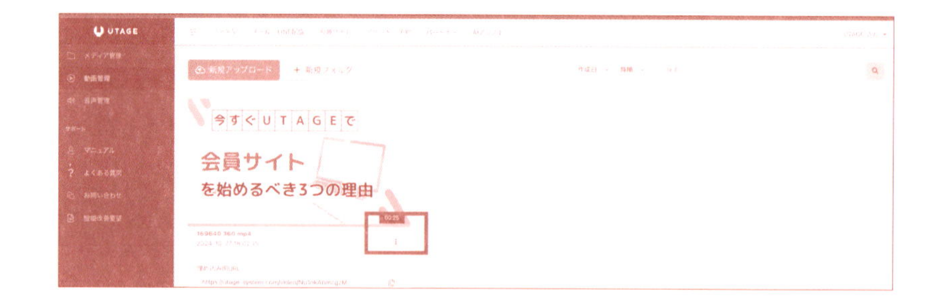


❷「開く」を選択すると動画が開きます。

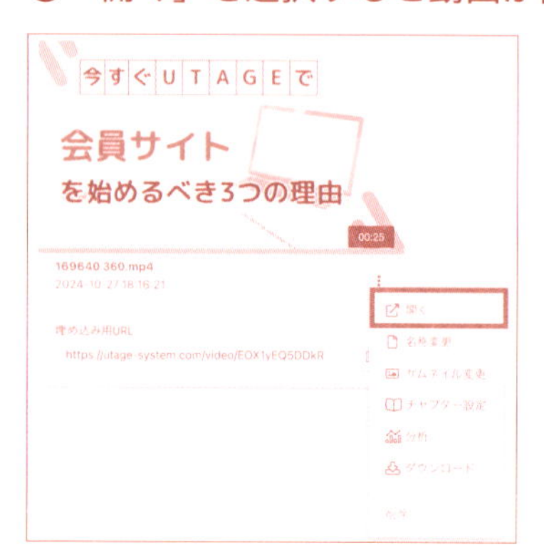


❸再生ボタンをクリックして動画を再生してみましょう。

## 動画の埋め込みURLの取得

❶アップロード済み動画の下に「埋め込み用URL」が表示されます。

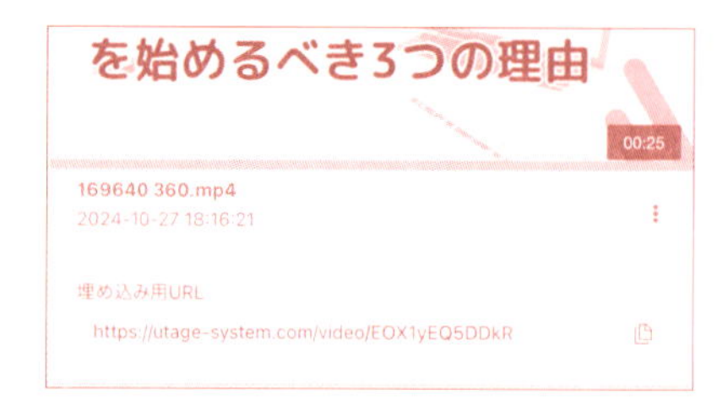


❷右のコピーボタンをクリックしてURLをコピーしましょう。

## 動画の名称を変更する

❶名称変更したい動画の操作メニューをクリックします。
❷操作メニューから「名称変更」を選択します。

❸新しい名称を入力し、「保存」ボタンをクリックします。名称が変更されたことを確認してください。

## サムネイルを変更する

表紙がない動画をアップロードした場合、編集機能などを使用しなくても、後から簡単にサムネイルを設定できます。会員サイトのコンテンツに合わせたデザインを使用するとテイストの統一感を持たせることができます。

❶サムネイルを準備します。

- 画像推奨サイズは16:9
  1920 x 1080ピクセル（HD）、1280 x 720ピクセルなど
- 画像形式はjpg、png、gif、jpegでjpgもしくはpng形式を推奨

❷アップロードした動画の操作メニューで「サムネイル管理」をクリックします。
サムネイル用ファイルをアップロードします。

❸「アップロードしました。」とメッセージが出たら完了です。「OK」ボタンをクリックしてメッセージを閉じます。
❹動画に新しいサムネイルが設定されました。動画を開いて動作チェックをしましょう。

動画を挿入したファネル各所でも、新しいサムネイルに表示が置き換わります。
サムネイルを差し替えたい時は、再アップロードします。

## 動画にチャプター設定する

動画チャプター機能では、動画を複数のセクションに分割し目次をつけてくれます。視聴者は、動画の中の見たい箇所をすぐ簡単に見つけることができます。
チャプター機能が付いている動画は、視聴効率がアップし、満足度も上がります。「動画を最後まで見たけど、見たい箇所がどこにあるか分からなかった」を防止することができます。

❶「動画管理」メニューを開き、チャプター設定をしたい動画の操作メニューから「チャプター設定」を選択します。

❷チャプター設定で「0:00　はじめに」と入力しタイムスタンプを追加して「保存」ボタンをクリックして保存します。

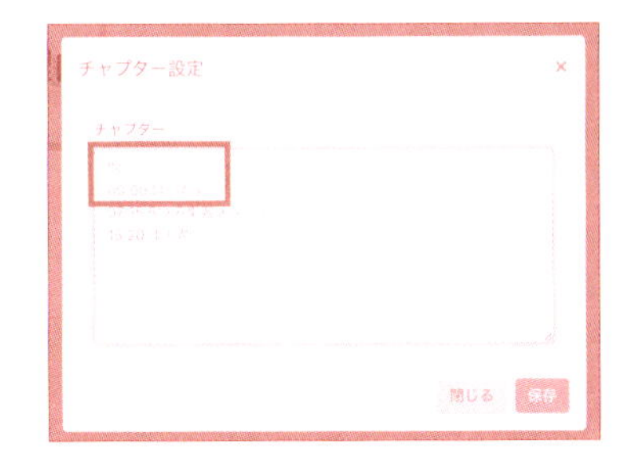


**TIPS** 指定した時間に瞬時にジャンプできる機能を「タイムスタンプ」といいます。タイムスタンプは、テーマや、手順で分けると見やすくなります。

- 開始時間は必ず「0:00」からスタートする。
- 時刻は半角数字を使用する。うまく動作しないときはこの２点をチェック！

❸動画を再生すると、再生バーに時間とチャプターが表示されます。
再生していくにつれて次のチャプターが表示されます。

## 動画を分析する

UTAGEの分析機能を使うと、期間を指定してインプレッション数や視聴数、視聴維持率を確認することができます。

- **インプレッション数：**ユーザーに動画が表示された回数
- **視聴数：**ユーザーが動画再生ボタンを押した回数
- **視聴維持率：**視聴者がどれだけ動画を見続けたかを示す指標

動画の総視聴回数に対する動画のある段階（◯分◯秒）時点で再生された回数（割合）

総視聴回数が3,000回で、45秒時点の再生回数が1,200回の場合、動画視聴率は40%です。

❶サイドメニューの「動画管理」メニューをクリックし、分析をしたい動画の操作メニューから「分析」を選択します。
❷期間を指定すると、その期間での視聴回数などの分析ができます。

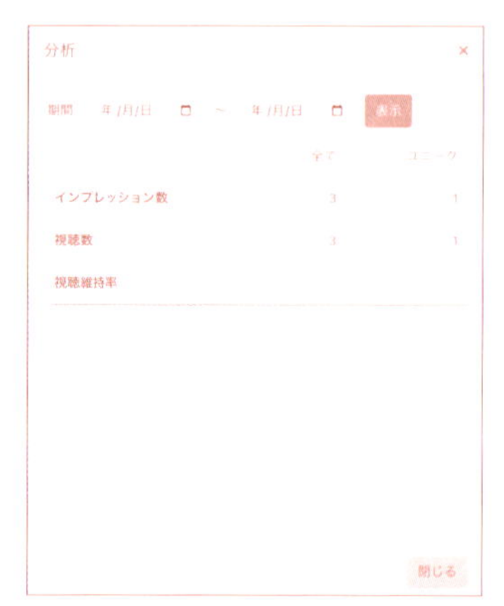

## 動画をダウンロードする

❶「動画管理」メニューをクリックしダウンロードしたい動画の操作メニューから「ダウンロード」を選択します。

❷ファイルが即時ダウンロードされます。

## 動画を削除する

アップロードした動画を削除することができます。

❶削除したい動画の操作メニューから「削除」を選択します。

❷メッセージを確認してOKをクリック。削除した動画は元に戻せないのでご注意ください。

## 動画のフォルダを管理する

メディア管理と同じく、フォルダ分けして動画を管理できます。

❶サイドメニューの動画管理から「＋新規フォルダ」クリック

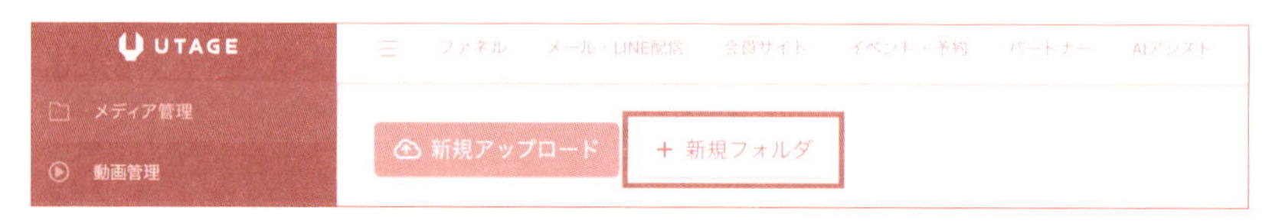


❷フォルダ名を入力して保存をクリック

❸作成したフォルダはサイドメニューに表示されます。クリックして中身を表示することができます。

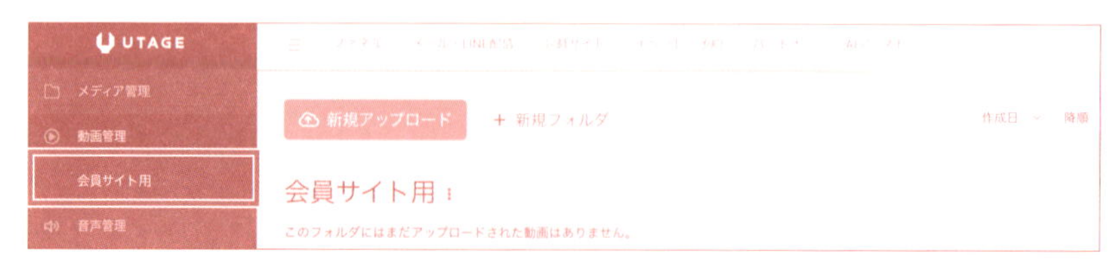


❹フォルダにファイルをドラッグして、移動することもできます。

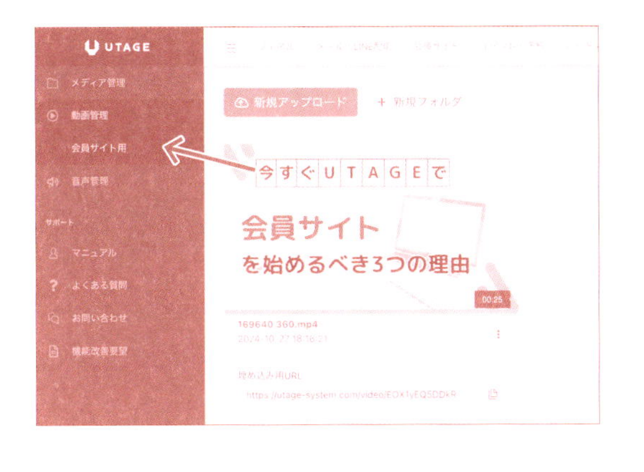


## ページに動画メディアを挿入する

❶「ファネル」メニューのページ編集で青の+ボタンをクリックします。

❷「要素追加」で「音声」を追加します。

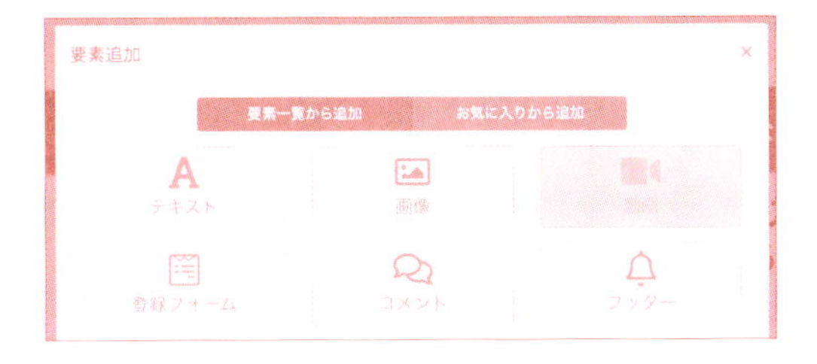


❸「動画タイプを選択」し「動画URL」を指定して動画を挿入します。

動画

| 動画タイプ | 選択してください |
| --- | --- |
| 動画URL | |
| テーマ | デフォルト |

## 動画を会員サイトに挿入する

❶【会員サイト】メニューから、会員サイトを開き、「コース管理」でコースを開き、編集したいレッスンを開きます。
❷動画メディアを挿入したいレッスン管理画面の「種類」で「コンテンツエディター」を選択し、「編集」ボタンをクリックします。
❸「ページに動画メディアを挿入する」と①以降と同様の操作で音声データを挿入できます。

## 埋め込み動画URLを独自ドメインに変更する

動画のURLをそのままUTAGEの外部にシェアすることができます。

❶アップロードした動画にはutage-system.comと表示されています。サブドメインのアドレスでログインして確認しても、動画の埋め込み用URLはUTAGEのドメイン表記のままです。

埋め込み用URL

https://utage-system.com/video/EOX1yEQ5DD 

❷この埋め込みURLをコピーして、メモ帳などに貼り付け、普段使っているサブドメインのアドレスに差し替えます。
https://utage-system.com/video/EOX1yEQ5DD
❸独自ドメインに差し替えたURLにアクセスすると、動画が表示されます。

UTAGEにアップロードしたファイルのリンクを、独自ドメインアドレスに差し替えるだけで、各所でシェアして利用することができます。

4-
SECTION

# 03 音声管理について

UTAGE

音声管理の操作は、動画と同様になります。UTAGEの音声管理では、スマホなどで回線が細い環境でも再生できるよう最適化しています。

## 音声の新規アップロード、音声ファイルを開く

❶サイドメニューの「音声管理」をクリックし、「新規アップロード」ボタンをクリックします。

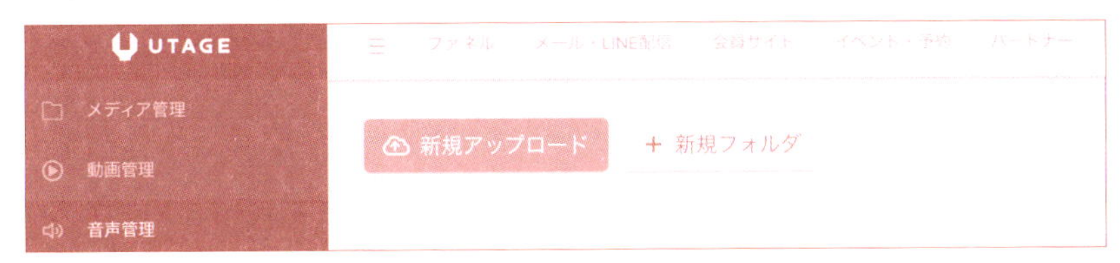


❷アップロードしたい音声ファイルを選択し、「アップロード」ボタンをクリックします。
※最適化後のファイルサイズがストレージ容量として加算されます。

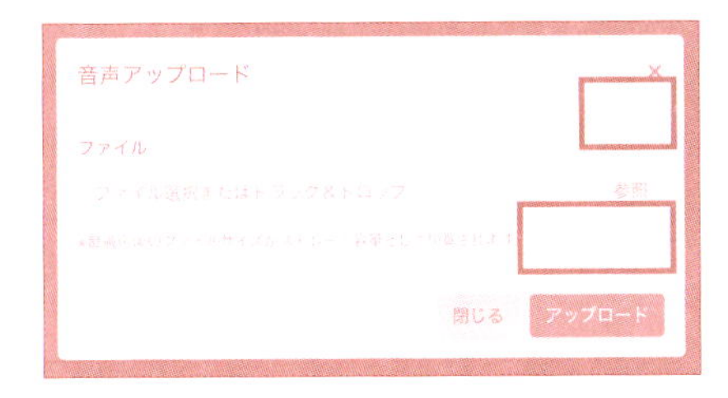


❸アップロードが完了すると音声ファイルが表示されます。
操作メニューをクリックすると、開く、名称変更、分析、ダウンロード、削除ができます。

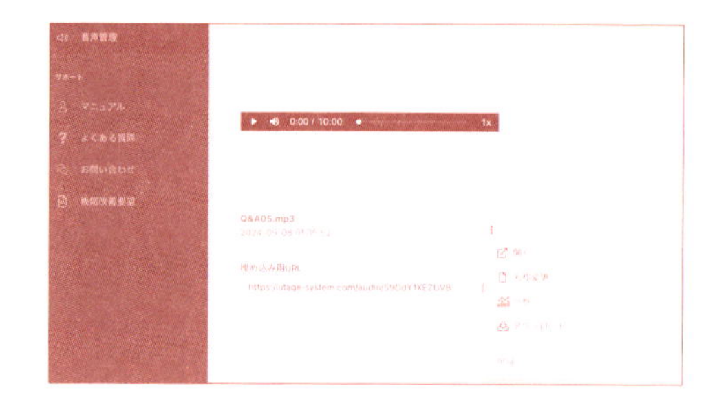


**TIPS** 動画と同様に、埋め込み用URLを配布目的に利用することができます。
utage.comの箇所を普段使っているサブドメインのアドレスに差し替えて使用することもできます。

## 音声ファイルの名称変更

アップロードした音声のタイトルを簡単に変更することができます。

❶名称変更したい音声の操作メニューをクリックします。
❷操作メニューから「名称変更」を選択します。

## 音声ファイルの分析

配布した音声データの分析をして、配布後の施策の検討材料として活用できます。

❶操作メニューの「分析」を選択します。

期間を選択して、インプレッション数、再生数、再生維持率を確認できます。

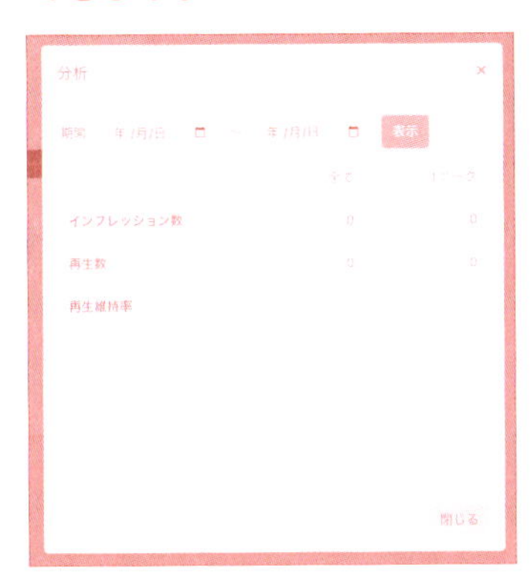


## 音声ファイルのダウンロード

❶操作メニューの「ダウンロード」を選択します。

❷音声ファイルを直ちにダウンロードすることができます。

## 音声ファイルの削除

❶操作メニューの「削除」を選択します。

❷削除の確認メッセージを確認し「OK」ボタンをクリックすると完全に削除されます。

## 音声フォルダの管理

❶サイドメニューの音声管理から「＋新規フォルダ」クリック

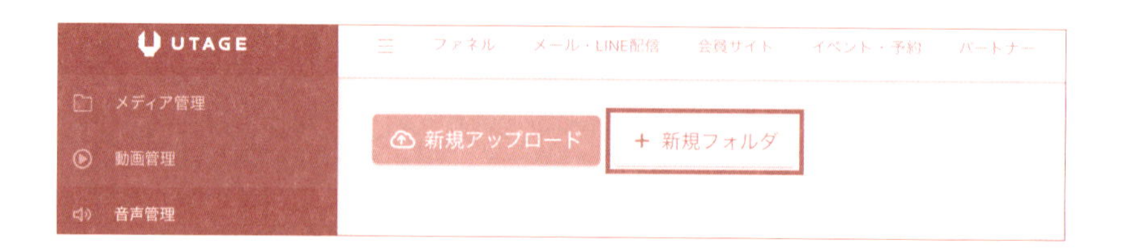


❷フォルダ名を入力して「保存」ボタンをクリックします。

❸作成したフォルダはサイドメニューに表示されます。クリックして中身を表示することができます。

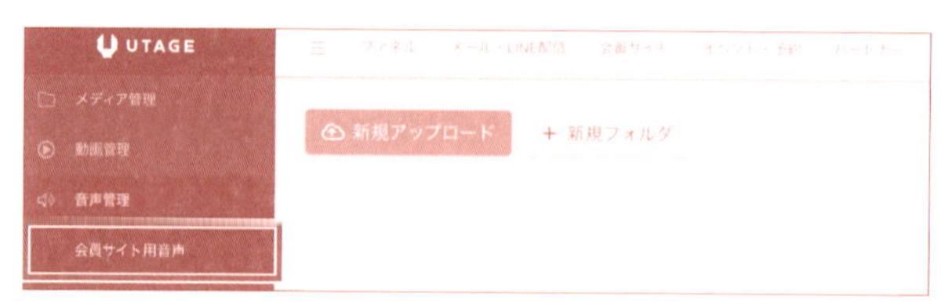

❹フォルダにファイルをドラッグして、移動することもできます。

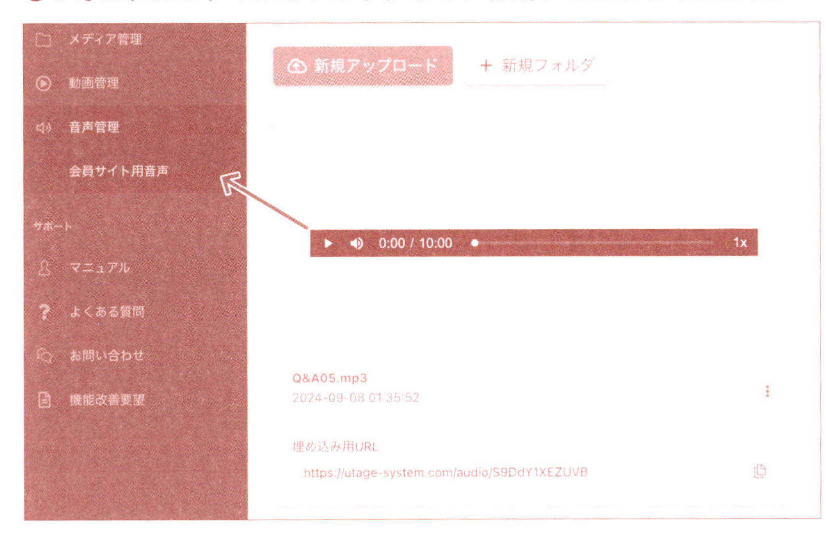


## ページに音声メディアを挿入する

❶「ファネル」メニューのページ編集で青の＋ボタンをクリックします。

❷「要素追加」で「音声」を追加します。

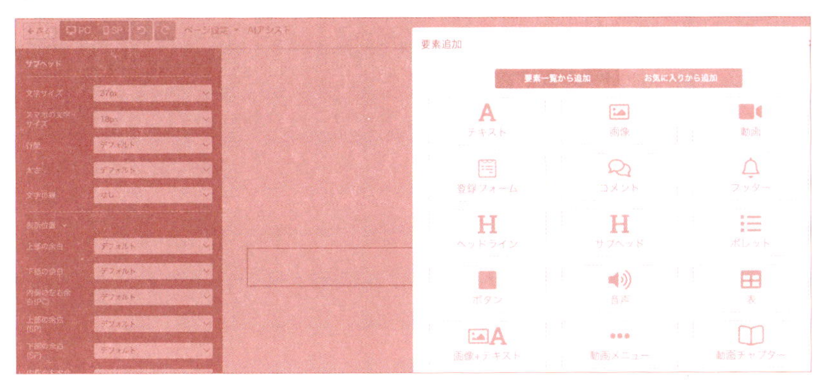

❸音声要素が挿入されます。音声ファイルURLを指定して音声を挿入し、ループ再生で「する」「しない」を設定できます。

## コンテンツエディターに音声メディアを挿入する

❶【会員サイト】メニューから、会員サイトを開き、「コース管理」でコースを開き、編集したいレッスンを開きます。

❷音声メディアを挿入したいレッスン管理画面の「種類」で「コンテンツエディターを選択し、「編集」ボタンをクリックします。

❸「ページに音声メディアを挿入する方法」と①以降と同様の操作で音声データを挿入できます。

CHAPTER

5

# イベント・予約を活用する

5

SECTION

# イベント・予約機能とは？

UTAGEのイベント・予約機能では、セミナーや説明会、個別相談や個別予約などの開催機能を自動化、効率化できます。

## イベント・予約機能

商品の販売に向けて、セミナー説明会、個別相談等のイベントを開催する場合に、効率よく受付できる機能です。開催日程ごとに指定した定員に合わせて申し込みの締め切りをしたり、開催日に合わせリマインダメールを送信したりするなど、煩雑な作業を削減することができます。

例えば、見込み客にいきなり販売しようとすると、検討できる時間が短いため、購入の決断が難しくなります。そこで、直接対面やオンラインで相談できる場を設け、商品の価値を直接伝えることが重要になります。その大切な場を【イベント・予約】機能で簡単につくることができます。

UTAGEの【イベント・予約】機能では、「セミナー・説明会」「個別相談・個別予約」の２つのパターンに分けて作成、管理、運営ができます。

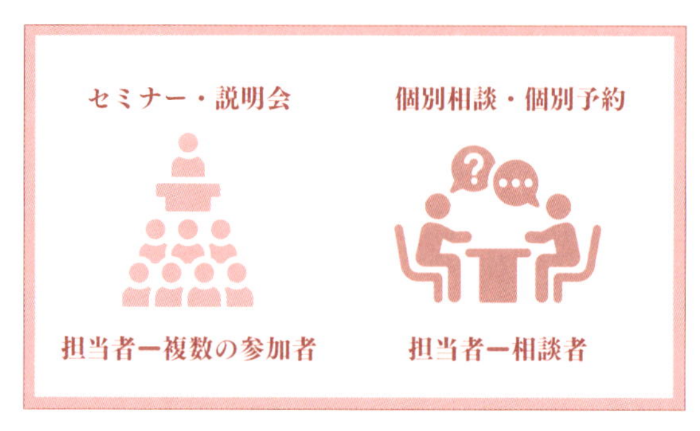

### 「セミナー・説明会」とは？

「セミナー・説明会」は、1対多の複数の参加者を集めて開催する「セミナー」や「説明会」のことです。セミナーや説明会を経て商品を販売することのメリットとは次のとおりです。

- セミナー、講義形式で商品・サービスを体験してもらえる。
- 参加者の課題や問題をプレゼン、レクチャーで伝え、解決法を提示できる。
- バックエンド商品が、参加者の目標達成、課題解決につながることを理解してもらう時間がとれる。
- セミナー後、希望者には、個別相談に参加してもらい、参加者に寄り添ったセールスができ、納得感を持って購入してもらえる。

UTAGEの【イベント・予約】機能では、商品の販売に向けてセミナー説明会、個別相談等のイベントを開催する方向けの機能がそろっています。よく使う機能を紹介します。

- 定員管理機能
- 日程ごとの申込者一覧
- リマインダ配信
- リマインダ配信メールテンプレート
- 申込フォーム項目設定
- イベント参加後の後追い配信
- 申込締切時刻設定
- 参加状況の管理
- 成約状況の管理
- 参加日程の振替
- キャンセル時の自動リマインダ解除
- 申込者のcsvダウンロード
- 参加状況、成約状況の一括更新
- 有料イベント/無料イベントの管理（有料の場合は決済連携）

### 「個別相談・個別予約」とは？

1対多数で行うセミナーや説明会と違い、1対1の個別相談や個別セッションを行います。1対1で参加者の相談や対応をするので、参加者1名に、1名の担当者が紐付きます。例えば、個別相談の担当者が複数いる場合は、担当者ごとにスケジュール調整ができます。担当者の設定や、日時の提案、実施日を決定し連絡する機能があるので、空き時間を効率的に個別相談に使うことができます。

**個別対応のメリット**

- 参加者の課題や問題をヒアリングして解決方法を提案できる。
- 販売したいバックエンド商品が、参加者の目標達成、課題解決につながることを理解してもらう時間をじっくり取れる。
- 参加者に寄り添ったセールスができ、納得感を持って購入してもらうことが可能になる。
- メール通知チャット通知担当者設定
- Googleカレンダー連携、空き時間を抽出、Zoom連携
- カレンダーの指定予約、登録先のカレンダーの指定特定の日程を除外
- 予約が入った際のメール通知を設定
- Chatwork、Slackに通知で予約状況がわかる

SECTION 5-02

UTAGE

# セミナー・説明会メニューについて

【イベント・予約】機能の「セミナー・説明会」作成で使用する画面、サイドメニューを確認していきましょう。

## イベント一覧メニュー

「セミナー・説明会」「個別相談・個別予約」の設定は、【イベント・予約】メニューをクリックしてはじめます。

### 「イベント一覧」タブ

「イベント一覧」タブの「イベント名」には、作成済みのセミナー・説明会や個別相談・個別予約が一覧表示されます。

- 「＋追加」ボタン：クリックしてイベントを新規作成します。
- 「表示順変更」ボタン：作成済みのイベントの表示順を変更し、管理します。

### 【アーカイブ済】タブ

イベント一覧で、アーカイブしたセミナー・説明会や個別相談・個別予約が一覧表示されます。

## イベント新規作成画面

「＋追加」ボタンをクリックするとイベント新規作成画面が表示されます。

- **種類：**「セミナー・説明会」、「個別相談・個別予約」から選択します。
- **イベント名：**わかりやすい名前を入力します。
  ＜必須＞は、入力必須項目です。

- **参加費：**「無料」、「有料」を設定できます。
  参加費を「有料」に設定した場合、決済の種別、参加費などを指定できます。

- **決算種別：**Univapay、stripe、AQUAGATES、テレコムクレジット、FirstPaymentから選択（事前に決済会社に登録済みであること）

- **期間限定価格を指定する：**チェックを入れると、期間を指定できます。
  有料に設定すると、下部に＜領収書設定＞が表示されます。

- **事業者：**【ファネル】メニューの「事業者設定」メニューであらかじめ設定した内容を指定できます。

- **申し込み締切：**開催◯日前の◯時で指定します。
- **重複申込：**「禁止する」、「許可する」、「許可する」（連絡ありでキャンセル済みの場合のみ）から選択できます。

「許可する（連絡ありでキャンセル済みの場合のみ）」に設定するとキャンセルした参加者が、再申し込みができるようになります。

- **同一イベント内にてキャンセル連絡をいただいた方で、なおかつ「参加状況：連絡ありでキャンセル」の設定にステータスを変更した方のみ、重複申込みで受付できる機能です。**

- **リマインダ配信：**「する」、「しない」から選択します。
- **「する」：**リマインダ配信「メール・LINE配信」機能と連携して自動作成されます。

自動作成されたリマインダ配信は【メール・LINE配信】メニューの「配信アカウント」シナリオ一覧へ追加されていきます。申込者は、該当イベントのシナリオに追加されます。リマインダは最長14日前まで設定できます。

- **連携配信アカウント：**「する」を選択するとリマインド用が作成されます。

すでに「メール・LINE配信」機能を使って、リマインダ配信用のアカウントを作成している場合はそれを指定します。データの蓄積先を意識して選択してください。

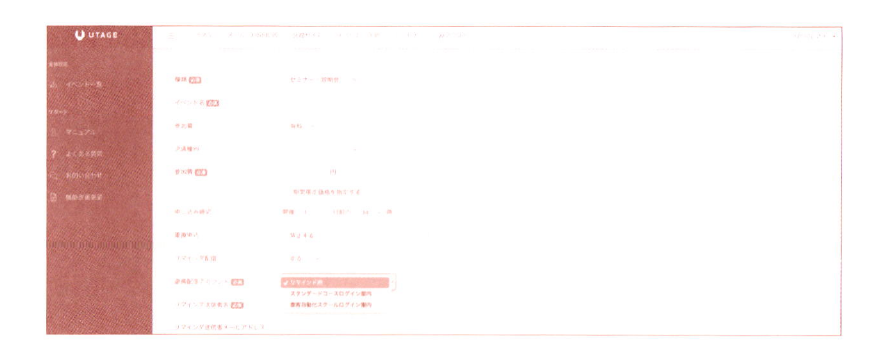


- **「しない」：**リマインダ配信シナリオは自動作成されません。予約直後の自動配信メールも配信されないので注意してください。

- **リマインダ送信者名：**送信者の名前を設定
- **リマインダ送信者メールアドレス：**送信元のメールアドレスを設定

リマインダ送信者名 必須
リマインダ送信者メールアドレス 必須
領収書設定
事業者 デフォルト
保存

## 作成したイベント設定を開く

❶【イベント・予約】メニューをクリックします。

❷「イベント一覧」タブの「イベント名」には、作成済みのセミナー・説明会や個別相談・個別予約が一覧表示されます。

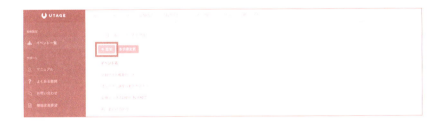


❸開きたいイベントをクリックすると「申込者」が表示されます。

サイドメニューを使ってさらに設定を進めることができます。サイ

ドメニューで何ができるのか？　操作画面を確認していきましょう。
　その後、セミナー・説明会作成の実際の操作に進んでいきます。

## 日程メニュー

　サイドメニューの「日程」メニューを開くと、セミナー・説明会の日程を設定できます。

<表示条件>

- **日程**：期間を指定して、「絞り込み」ボタンで日程を絞り込みます。
「絞り込み」ボタン表示できます。

<日程>

「＋追加」ボタンをクリックすると日程を作成できます。

- **開催日**：セミナー・説明会の開催日を指定します。
- **開始時間**：スタート時間を設定。
- **終了時間**：終了時間を設定。
- **定員**：セミナー・説明会の定員を設定。
- **種別**：「オンライン」、「オフライン（会場での開催）」から選択。

種別で、「オンライン（会場での開催）」を選択した場合

- **参加用URL**：当日オンライン会場にアクセスするURLを設定します。
- **参加者用パスワード**：入室用のパスワード
Zoomで開催する場合は、招待用リンクを設定します。

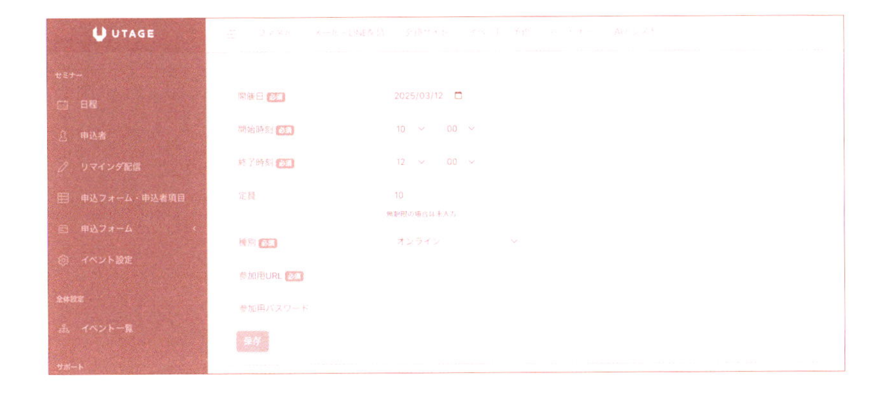


種別で、「オフライン」を選択した場合

- 会場時刻：最大120分前まで、５分刻みで設定。

  会場の詳細を記入します。

  郵便番号、会場住所、会場名など

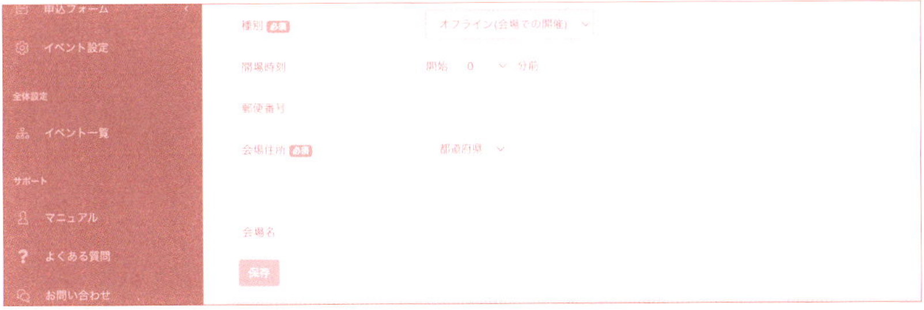

## 申込者メニュー

申込者の中から条件を指定してリスト表示させることができます。

イベント申込人数、誰が参加しているのか？　を確認できます。

サイドバーの「申込者」メニューをクリックします。

＜表示条件＞

条件を指定して、申込者を絞り込みできます。

- **日程：**
- **お名前：**
- **メールアドレス：**
- **表示順：**日程、登録日時で昇順か、降順で並べ替えできます。

設定ができたら、「絞り込み」ボタンをクリックします。

<申込者>

すでに申込者がいる場合は、申込者に一覧表示されます。

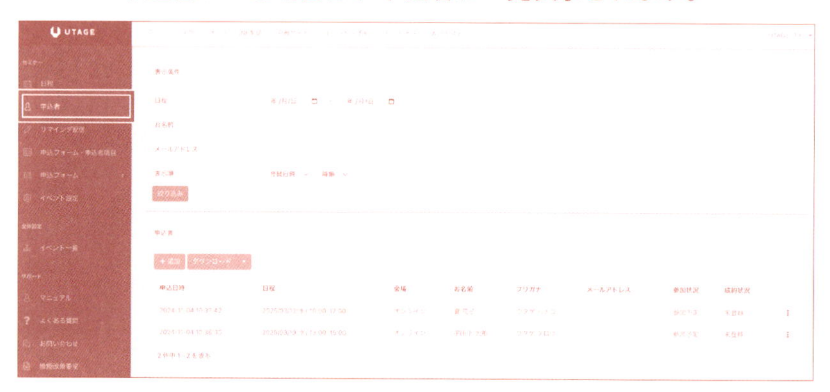


- **「＋追加」ボタン：**申込者を手動で追加できます。
- **「ダウンロード」ボタン：**申し込み日時、日程、担当者、お名前、メールアドレス、参加URL、参加状況、成約状況をダウンロードできます。

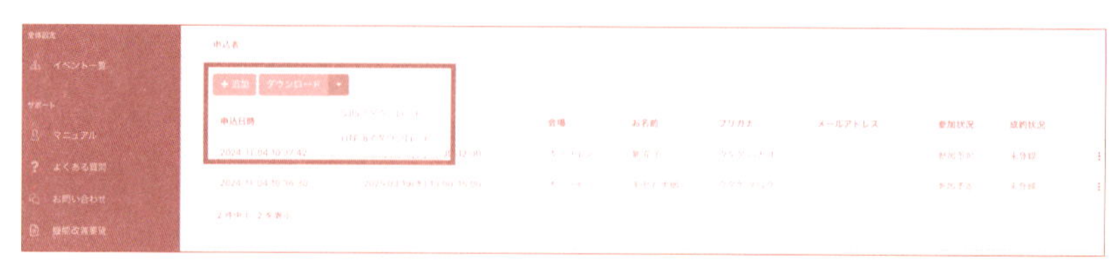


https://system.com/archives/5058

申込者の一覧から名前をクリックすると「申込者情報」を確認できます。

<申込者情報>

日程、お名前、連絡先、参加状況、成約状況、メモ、他の日程の申込状況などを確認できます。

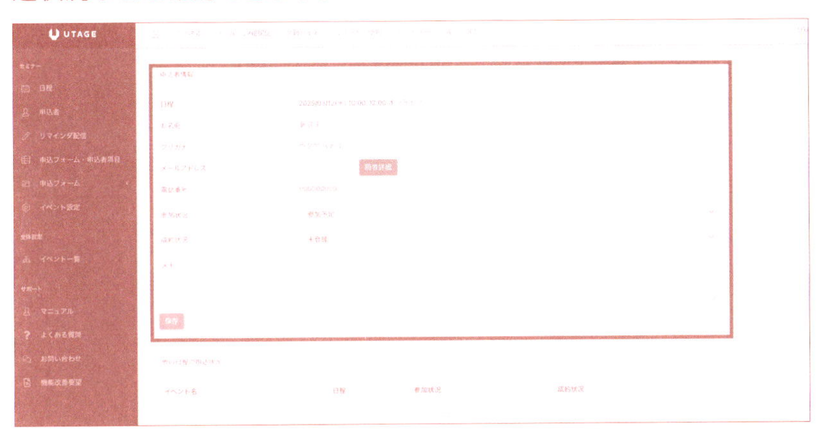


メールアドレスの右の「読者詳細」ボタンをクリックすると「シナリオ管理」画面になり、登録情報が確認できます。

## 「リマインダ配信」メニュー

イベントに対するリマインダ配信の詳細を確認することができます。自動作成されたリマインダ配信の内容は、１つずつクリックして確認することができ、送信内容をカスタマイズすることができます。

## 「申込フォーム」メニュー

「申込フォーム・申込者項目」メニューでは、入力項目を設定しましたが、フォームの外観を変更したい場合は、サイドメニューの「申込フォーム」から「申込フォーム設定」メニューをクリックします。

＜登録フォーム設定＞

まず、デフォルトで何が設定されているのか確認したい場合は、左上の「登録フォーム」ボタンや「サンクスページ」ボタンをクリックします。その上でカスタマイズしたい内容を追記します。

- **登録フォーム上部に表示する内容：**タイトルと、参加日程の間に表示する内容を指定できます。
- **登録フォーム下部に表示する内容：**申し込みボタンの上に表示する内容を指定できます。

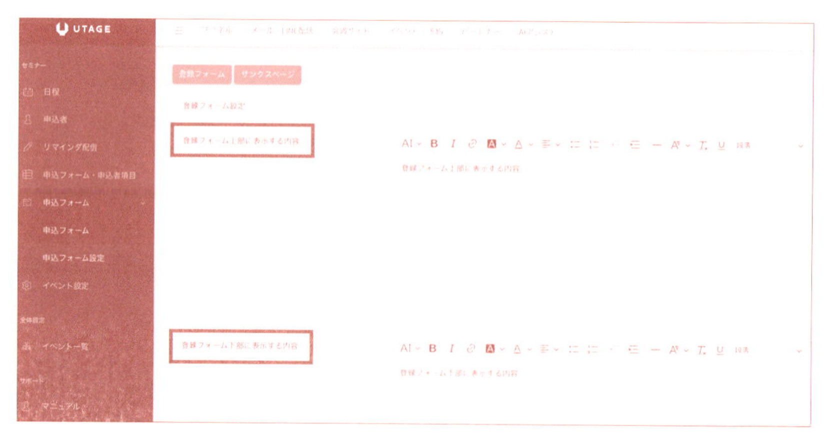


テストで、それぞれに文字を入力すると以下の箇所に表示されます。タイトルは「セミナー」と短めですが、文字数が多いと改行される

ので注意。

## 登録フォーム上部に表示する内容の表示位置サンプル

セミナー

登録フォーム上部に表示する内容

参加日程

参加を希望する日程を選択してください。

| 日程 | 会場 | 残数 |
| --- | --- | --- |

## 登録フォーム下部に表示する内容の表示位置サンプル

メールアドレス 必須

携帯番号 必須

登録フォーム下部に表示する内容

確認する

**TIPS** サンプルでは、テキストのみですが、エディターを活用してカラフルに作成することもできます。

ファネルページを使用せずに、登録フォームのURLを配布してLPの代わりに使用することもできます。
すでに個別相談に関する情報提供がしっかり終わっている場合、フォームのデザインは、シンプルに必要事項だけにとどめることもできます。
前後の集客の流れによって、活用方針を決定していきましょう。

- **headタグの最後に挿入するJavaScript**：Google アナリティクス、Facebookピクセルなどを使用してトラッキングしたい場合を想定して、必要に応じてご活用ください。会員サイト設定でご紹介したように、ファビコンも設定可能です。
- **bodyタグの最初に挿入するJavaScript**：必要に応じて活用。
- **bodyタグの最後に挿入するJavaScript**：必要に応じて活用。

**TIPS** 登録フォームは、ファネルページに埋め込み、ファネル機能と連携して、よりカスタマイズして設定することもできます。

## ＜サンクスページ設定＞

サンクスページはあらかじめデフォルトで設定されています。
指定しない場合、UTAGEシステム標準の内容が表示されます。
この内容で差し支えなければ特に追記変更は不要です。

> お申込みありがとうございます
>
> お申込み頂いたメールアドレス宛にご案内をお送りしました。
>
> メールが届いているか今すぐご確認ください。
>
> しばらく経ってもメールが届かない場合は迷惑メールボックスをご確認ください。
>
> それでもメールが届いていない場合はお問い合わせください。

でも、イベント申し込み直後、LINEボタンを設置して誘導したい、LINEでリマインド配信をしたい場合は、ファネルのページでサンクスページを作成して誘導できます。

## イベント設定メニュー

作成したイベントを開いて編集できます。イベント一覧でイベントをクリックすると最初にいつも「申込者」が表示されます。イベントの設定内容を変更時は、サイドメニューの「イベント設定」を開きます。

<メール通知設定>

- **通知先メールアドレス：**複数メールアドレスに通知する場合は、カンマ区切りで入力します。
- **通知内容：**「デフォルト」、「カスタム」で指定できます。

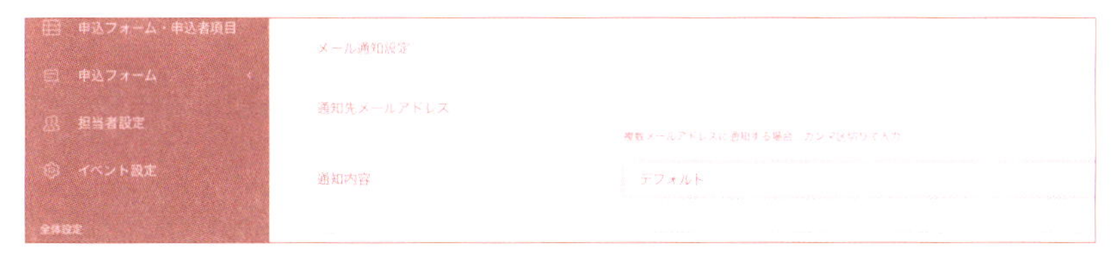


「カスタム」を選択すると置き換え文字を使用して本文をカスタマイズできます。

＜チャット通知機能＞

- **通知先：「Chatwork」、「Slack」から指定できます。**

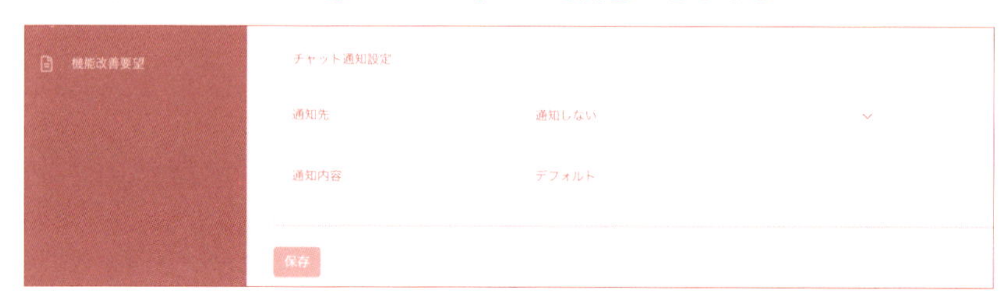


## 「イベント一覧」メニュー

保存済みのイベント・セミナーを開くには「イベント一覧」にアクセスします。

または、イベント操作中にサイドメニューの「イベント一覧」をクリックすると一覧が表示されます。

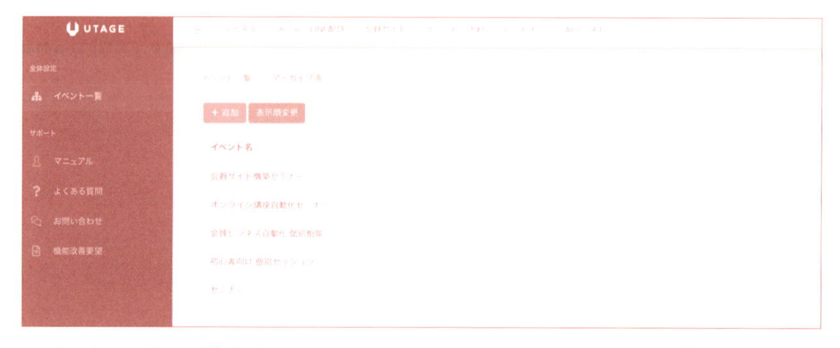


今どこで何の操作をしているのかわからなくなったら、「イベント一覧」から開くようにすると便利です。

SECTION

5-03 UTAGE

# イベントを作成しよう

実際にUTAGEの【イベント・予約】機能を使って、新しい販促企画として２つのセミナーを新規作成してみましょう。

## イベントを新規作成する

新しい販促企画として２つのセミナーを新規作成してみましょう。

1つ目のセミナーは無料開催の「会員サイト構築セミナー」を設定します。

2つ目のセミナーの「オンライン講座自動化セミナー」も無料開催で作成します。決済機能が使える場合は後ほど有料設定に変更してみましょう。

❶上部の【イベント・予約】メニューをクリックします。
❷「イベント一覧」タブで「＋追加」ボタンをクリックします。
❸以下のように設定し「会員サイト構築セミナー」を作成します。

- **種類**：セミナー・説明会
- **イベント名**：会員サイト構築セミナー
- **参加費**：無料
- **申し込み締切**：1日前の14時
- **重複申込**：禁止する

- **リマインダ配信**：「する」
- **連携配信アカウント**：「リマインド用」

- **リマインダ送信者名**：送信者名を入力
- **リマインダ送信者メールアドレス**：メールアドレスを入力

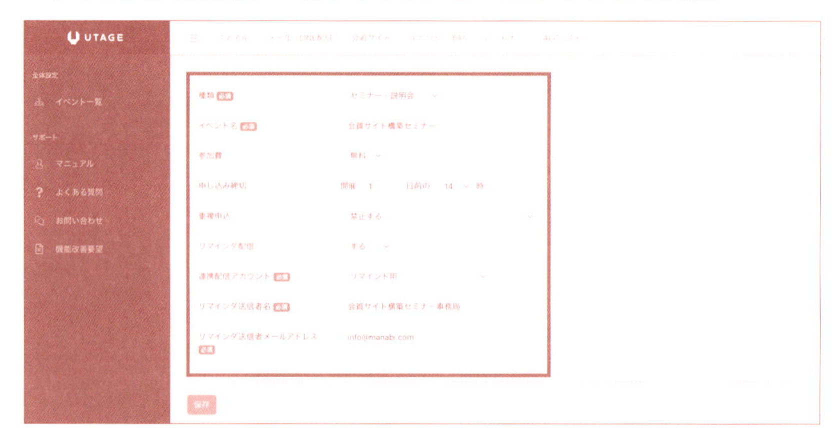


❹「保存」ボタンをクリックして、変更を保存しましょう。

❺「イベント一覧」タブにイベントが新規作成されことを確認します。

❻同様に2つ目のセミナーの「オンライン講座自動化セミナー」も無料開催で作成しましょう。

UTAGEでは、短時間でセミナーを作成することができます。

## イベントの設定を変更する

作成したセミナーの「イベント設定」を開きセミナーの詳細を変更

します。

さらに、「通知先メールアドレス」の設定をしてみましょう。

作成したイベントを変更してみましょう。

❶「イベント一覧」タブから、イベント名をクリックします。または、操作メニューから「開く」を選択します。

❷イベントの「申込者」が開きます。サイドメニューの「イベント設定」をクリックするとイベント設定が開き、詳細を変更することができます。

❸「申し込み締切」を１日前の20時に変更してみましょう。
その他追加で、ご自身の希望の申し込み締切の時間を変更してみて下さい。

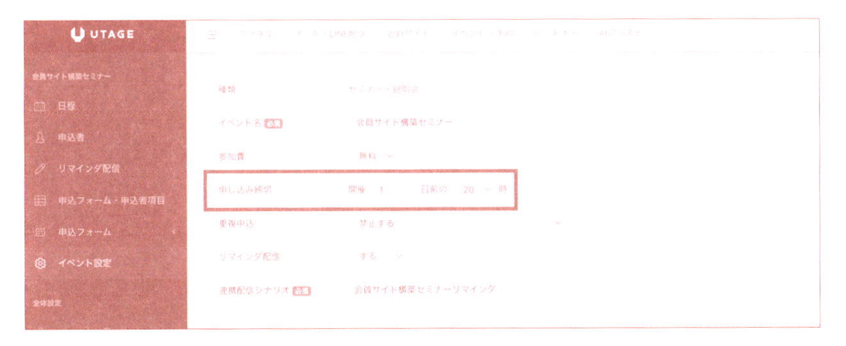

**TIPS** イベントを編集するには、まずイベントメニューを開いて、サイドメニューの「イベント設定」から開くことを覚えておくと便利です。

## メール通知設定する

新しい申込が入った時、メール通知を受け取るアドレス、内容を設定しましょう。

❶「イベント設定」を開いてメール通知設定をしてみましょう。

＜メール通知設定＞

- **通知先メールアドレス：**通知を受け取りたいメールアドレスを設定。複数メールアドレスに通知する場合、カンマ区切りで入力。
- **通知内容：**「デフォルト」、「カスタム」から選択します。通知内容で、「カスタム」を選択すると、通知内容をカスタマイズできます。

まずはデフォルトで設定してどんな内容が届くのか確認しましょう。

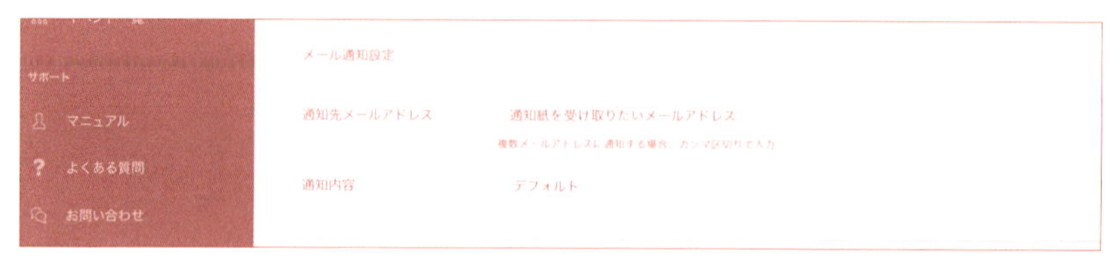


❷設定が終わったら「保存」ボタンをクリックして変更を保存します。

参考例）実際にデフォルトで送られるメールのサンプル

- **件名：**すぐに開いてもらえる、見逃さないタイトルをつける

【重要】セミナーへのお申込みが完了しました　　.jp　14:44

(お名前) 様

この度は
「セミナー名」
にお申込み頂きありがとうございます。

お申込み頂いたイベントについて
ご案内をさせて頂きます。

■　お申込者情報

---

お名前：
メールアドレス：
電話番号：

■　開催日時・会場

---

開催日時：
年月日 10:00〜12:00

会場：
オンライン

参加用URL：

URL

■　キャンセルについて

---

キャンセルを希望される場合は事前に『必ず』ご連絡ください。

---

（セミナー名）運営事務局
メールアドレス

---

参考：置き換え文字を活用して、個人に向けた文章作成が可能です。「カスタム」を選択して、置き換え文字を利用して自分が受け取るとうれしい文章を作成してみましょう。

## チャット通知設定する

新しい申し込みが入った時、チャット通知設定をしておくと、Chatwork や Slackで通知を受け取ることができます。

❶ChatworkやSlackアカウントをお持ちの方で、通知設定をしてみたい方は本書の特典を参考にして連携の設定をしてみてください。

❷設定が終わったら「テスト」を行い、通知が届くか確認してください。

## イベント表示順を変更する

イベントは、自由に並べ替えてみやすくすることができます。

新しいものを上に、カテゴリごとになど、自分のルールで並べ替えをして効率化していきましょう！

❶【イベント・予約】メニューをクリックし、「イベント一覧」タブで「表示順変更」ボタンをクリック。２つのセミナーの順番を入れ替えてみましょう。

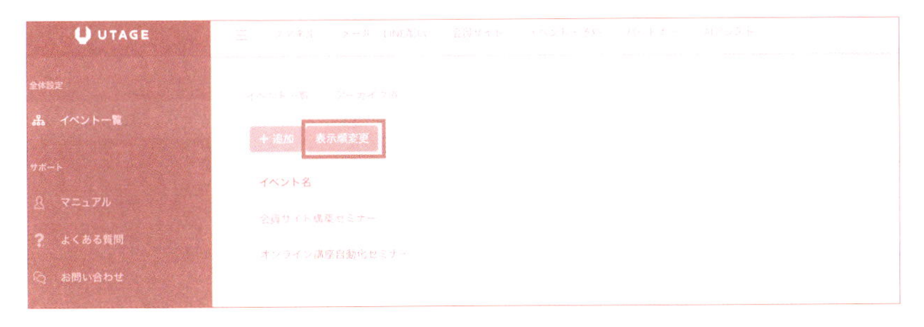

❷⇅が表示されたらドラッグ&ドロップで変更します。

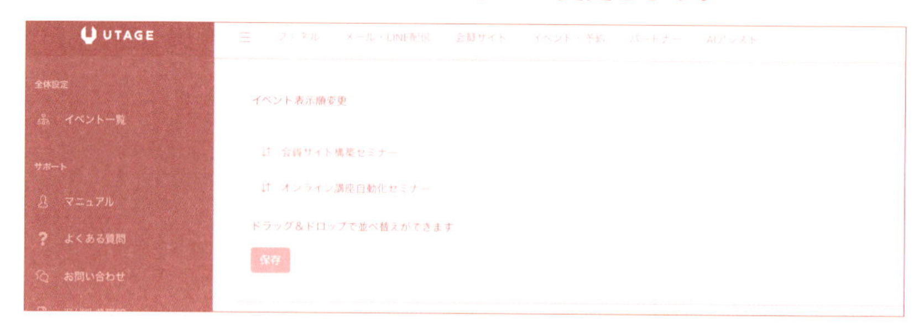


❸変更後は「保存」ボタンをクリックして確定します。

## イベントをアーカイブする

イベントは削除してしまうと完全にシステムから消えてしまいます。

残しておきたいけど、過去のイベントを表示したままでは、紛らわしいという場合は、アーカイブして一時的に非表示にできます。

❶「イベント一覧」タブで、アーカイブしたいイベントの右端の「操作メニュー」から「アーカイブ（非表示化）」をクリックします。「会員サイト構築セミナー」をアーカイブしてみましょう。

❷イベントがアーカイブされます。

❸「アーカイブ済み」をクリックしてみると、イベントが表示されます。

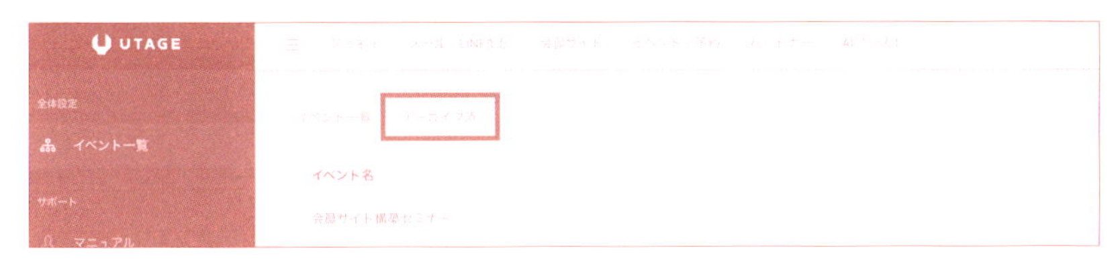


❹アーカイブを取り消すときは、「操作メニュー」から「アーカイブを解除」を選択するとイベント一覧にイベントを戻せます。「会員サイト構築セミナー」のアーカイブを解除してみましょう。

## イベントの削除方法

❶削除練習用に、イベントを１つ新規作成します。

❷イベント一覧で、新規作成したイベントの「操作メニュー」から「削除」をクリックするとイベントを削除できます。

❸削除の確認メーセージが表示されます。「OK」ボタンをクリックして削除します。

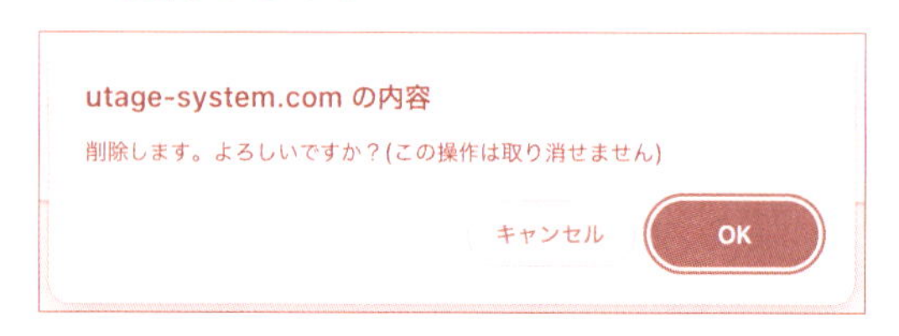
utage-system.com の内容
削除します。よろしいですか？(この操作は取り消せません)
キャンセル　OK

**TIPS** イベント削除とアーカイブをうまく使い分けて、整理整頓しましょう。使わないイベントの先頭に「削除厳禁」、「テンプレ」など一目でわかるように名前をつけて、管理しやすいように工夫をしてみてください。

## イベントURL確認方法

イベント「申込フォーム」のリンクを取得してみましょう。

❶「イベント一覧」からイベントを開きます。
❷サイドメニューの「申込フォーム」の中の「申込フォーム」をクリックすると、イベントの申し込みフォームが開きます。
❸イベントのURLを配布して、申し込みを受付することができます。
❹作成した２つのイベントの「申し込みフォーム」にアクセスしてプ

レビューしてみましょう。

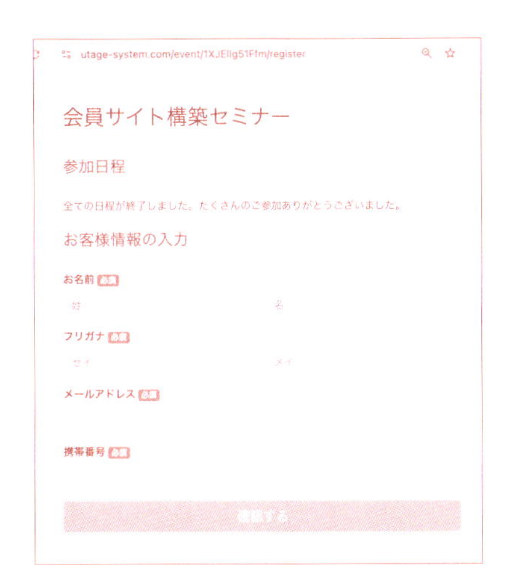


ところがよくみると、このフォームの「参加日程」の箇所に開催日が表示されていません。フォームの表示方法が確認できたら、早速、日程を追加して、申込み受付のテストに進みましょう。

**TIPS** 「全ての日程が終了しました。」と表示される理由は２つあります。①開催日程が終了している、②日程を追加していないのが原因です。

SECTION

# イベントの日程を追加しよう

「会員サイト構築セミナー」、「オンライン講座自動化セミナー」の両方に、オンライン、オフラインイベントを作成します。実際にセミナーを開催する予定なら、日程を設定してみてください。

## イベント日程追加する

❶「会員サイト構築セミナー」イベントを開きます。

❷サイドメニューの「日程」メニューをクリックし、「＋追加」ボタンをクリックして日程を追加します。

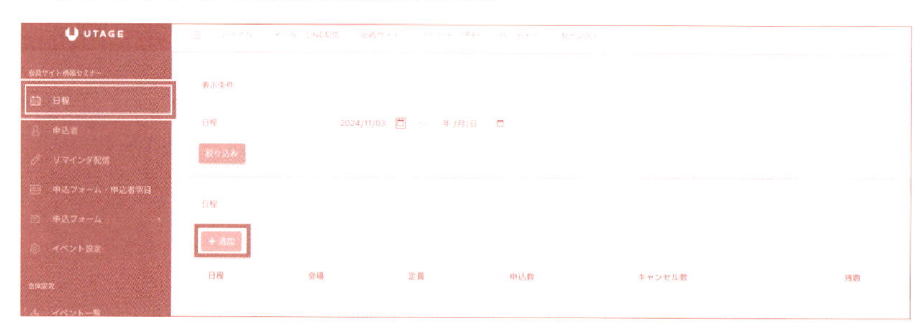


- **開催日**：自由に設定してください
- **開催時刻**：自由に設定してください
- **終了時刻**：自由に設定してください
- **定員**：定員数を設定すると、残席数を申し込みフォームに表示できます。
- **種別**：「オンライン」、「オフライン（会場での開催）」

**TIPS** リマインダ配信がどのように届くかを確認したい場合は、直近の日付に設定しておくと、申込後に届くメール内容を確認することもできます（作成したイベントに、自分も実際に申し込んで、開催３日前、開催前日、当日、開催60分前のメールを実際に受け取ってみることができます）。

### オンラインの場合

種別：オンライン

参加用URL：ZOOMなどのURLを記入しましょう。

### オフラインの場合

種別：オフライン　（会場での開催）

開場時刻、会場の詳細を記入します。

郵便番号、会場住所、会場名など

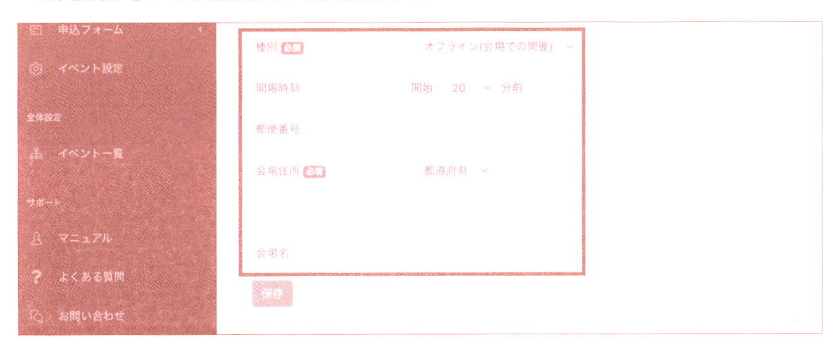

❸設定ができたら保存します。全部で４つの日程が作成できましたか？各イベントに２つずつ日程を追加してみましょう。

❹サイドバーの「日程」メニューをクリックして確認して下さい。

イベントを設定し、イベントにオンラインと、オフラインの日程を設定することができました（会場で確認できます）。

## 日程を変更する

一旦作成した日程を変更することはできません。

❶設定した日程の「操作メニュー」から「編集」を選択し日程を開いてみましょう。

❷日程にカーソルを合わせて再入力しようとしても開催日は変更できません。編集できるのは時刻のみとなるため、日程をコピーして作成し直し、不要になった日程は削除します。

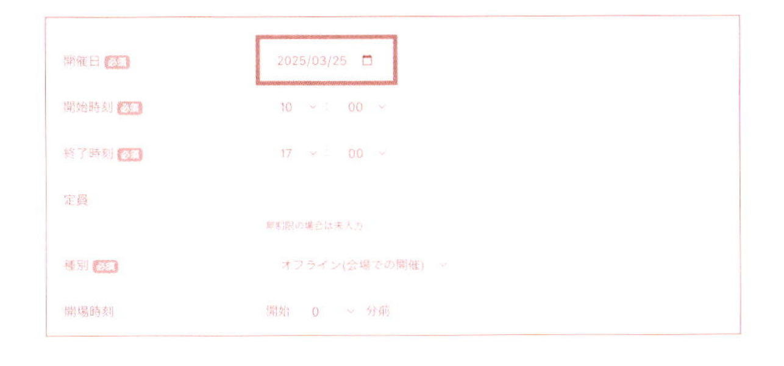
開催日 必須
2025/03/25
開始時刻 必須
10
00
終了時刻 必須
17
00
定員
無制限の場合は未入力
種別 必須
オフライン(会場での開催)
開場時刻
開始
0
分前

SECTION 5-05 UTAGE

# イベントの申込フォームをカスタマイズしてみよう

設定した日程に対して申し込みを受付するフォームを作成します。UTAGEでは、デフォルトで申し込みフォームが自動作成されますが、ここではカスタマイズの方法を学びます。

## イベント申込フォームをカスタマイズする

イベント申込フォームの上部、下部に文字を追記してみましょう。

申込フォームのプレビューを参考に文字を追記します。

ファネルページを作成するほどではないけど、文章を追加したいという想定で編集します。文章はサンプルですので、自由に追記してみてください。

❶「会員サイト構築セミナー」イベントを開き、サイドメニューの「申込フォーム」から「申込フォーム設定」をクリックします。

❷サンプルを参考に登録フォーム上部に表示する内容を作成してみましょう。「登録フォーム」ボタンをクリックするとプレビューで確認できます。

●登録フォーム上部に表示する内容

段落

会員サイトの構築にご興味をお持ちいただき、ありがとうございます。
このセミナーでは、売れる会員サイトを作るためのポイントをお伝えします。

- **会員サイトのコンセプトの作り方**
- **年齢やPC操作の習熟度に応じた設計**
- **サポートサービスの充実**など、成功のカギとなる要素を具体例を交えて解説します。

初めて会員サイトを作る初心者に構築の計画のヒントをお伝えします。

❸サンプルを参考に登録フォーム下部に表示する内容を作成してみましょう。

登録フォーム下部に表示する内容

AI B I 段落

当日は、PCを使ってどんどん作業もしていきます。
電源が使える環境をご準備ください。

申し込み後、**会員サイトプランニングシート**をお送りします。
開催日までに必ず中をご覧になりシートの記入をお願いします。

❹実際に運用する際は、スマホからの表示も確認してください。
申し込みフォームにスマホからアクセスして仕上がりを確認しましょう。

## サンクスページをカスタマイズする

サンクスページはデフォルトで設定されますが、カスタマイズも可能です。

❶「会員サイト構築セミナー」イベントを開き、サイドメニューの「申込フォーム」から「申込フォーム設定」をクリックします。
❷サンプルを参考にサンクスページに表示する内容を作成してみましょう。デフォルト表示を確認するには「サンクスページ」ボタンをクリックします。

カスタマイズすると、デフォルトの文面は表示されなくなるので、必要と感じる箇所はカスタマイズの文章にも追記するようにして下さい。

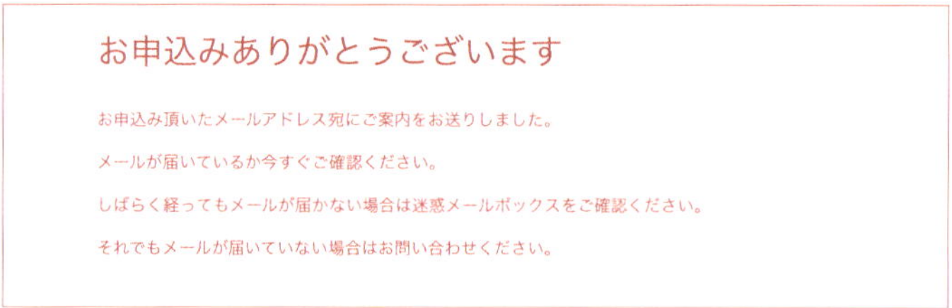

お申込みありがとうございます

お申込み頂いたメールアドレス宛にご案内をお送りしました。

メールが届いているか今すぐご確認ください。

しばらく経ってもメールが届かない場合は迷惑メールボックスをご確認ください。

それでもメールが届いていない場合はお問い合わせください。

＜サンクスページカスタマイズサンプル＞

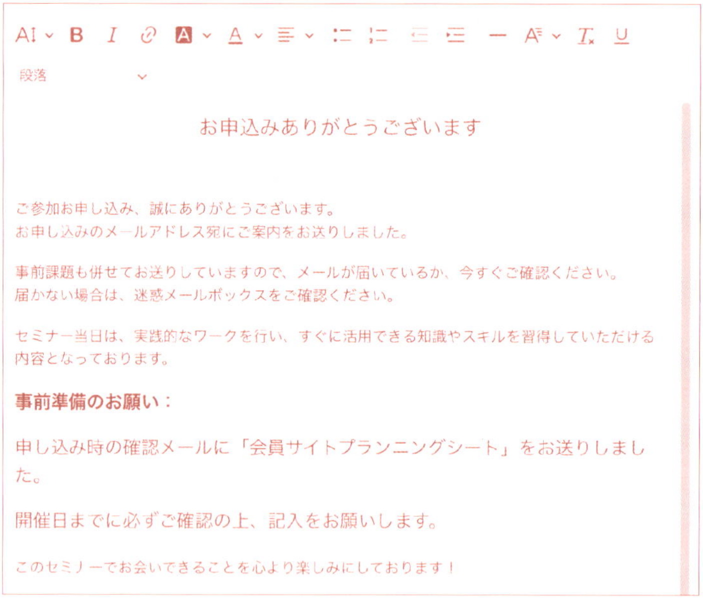

段落

お申込みありがとうございます

ご参加お申し込み、誠にありがとうございます。
お申し込みのメールアドレス宛にご案内をお送りしました。

事前課題も併せてお送りしていますので、メールが届いているか、今すぐご確認ください。
届かない場合は、迷惑メールボックスをご確認ください。

セミナー当日は、実践的なワークを行い、すぐに活用できる知識やスキルを習得していただける内容となっております。

**事前準備のお願い：**

申し込み時の確認メールに「会員サイトプランニングシート」をお送りしました。

開催日までに必ずご確認の上、記入をお願いします。

このセミナーでお会いできることを心より楽しみにしております！

## ファネルのフォームでイベント申し込みを受付する

上記のフォームで申込を受付した場合、サンクスページはシンプルなものになってしまいます。LINEに誘導するリンクなど、いろんな要素を使って申込を受付したいときは、ファネルのページに作成済みのフォームを埋め込むことができます。

❶イベント申込フォームをあらかじめ作成しておきます。

❷ファネルのページで青の＋をクリックして要素を追加します。

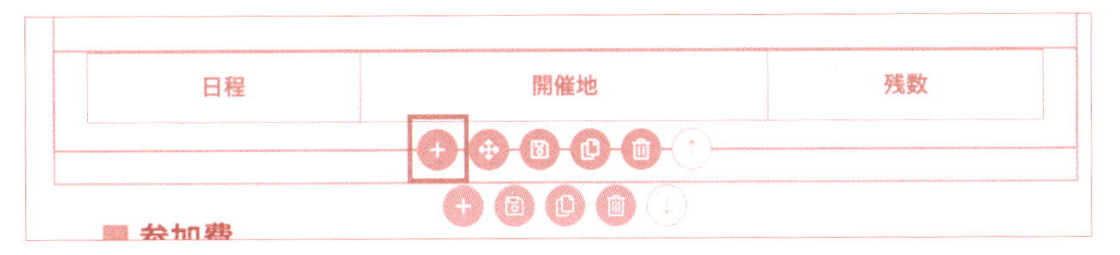


❸「要素」追加で、【イベント・予約】の「申込フォーム」を選択して追加します。

❹イベントの申込フォームがファネルページに挿入されます。
このままではフォームがどのイベントと連携するのかがまだ設定されていません。

❺「連携イベント」をクリックし、あらかじめ設定してあるイベントのリストから、連携したいイベントを選択します。

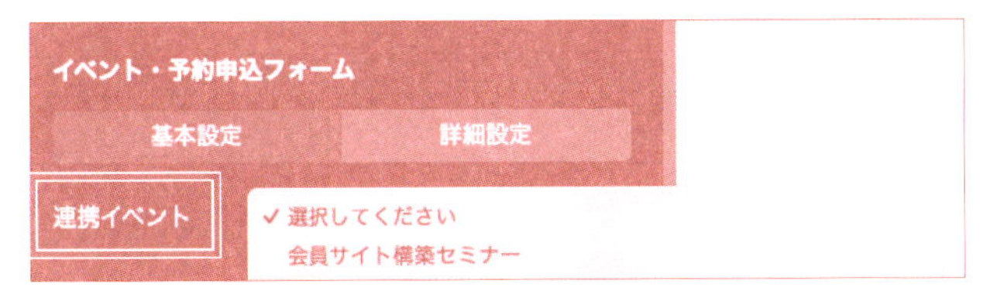

SECTION 5-06 UTAGE

# イベント申し込みテストをしてみよう

作成したフォームから実際に申し込みを行い、申し込み受付後の操作を確認していきましょう。

## 申込フォームから申し込みをする

❶「会員サイト構築セミナー」の各日程に３～５件の申込を入れてみましょう。

❷メールアドレスが重複しないように設定してください。メールが届くなどのテストは１メールアドレスで確認できるので、残りは架空のメールアドレスでもOKです。

❸申し込みが終わったら、「日程」メニューを開き、登録されているか確認しましょう。「申込数」で確認できます。

SECTION

5-07

UTAGE

# 申込者管理について

イベントに申し込みがあった場合の管理方法を確認しましょう。
「申込者」は、サイドメニューの「日程」や「申込者」で確認できます。

## 日程メニューから申込者を確認する

「日程」メニューをクリックすると日程ごとに申し込み数が確認できます。

❶「会員サイト構築セミナー」イベントを開き、サイドメニューの「日程」をクリックします。申込数が増えたことを確認してください。
❷右側の「操作メニュー」から「申込者」を選択します。

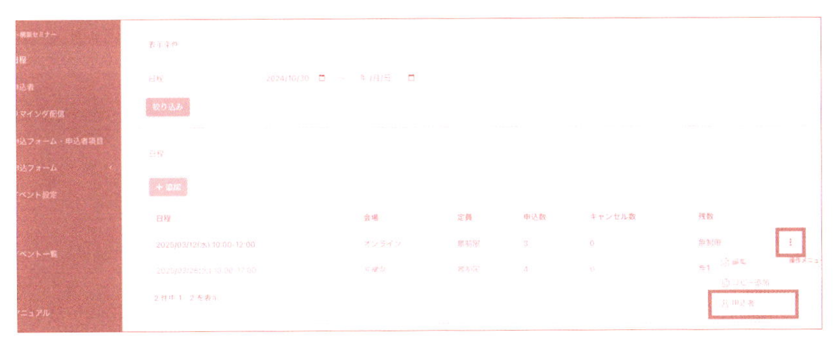


❸申込者一覧が表示されました。

この操作は、日程ごとに「申込者」を確認したい時に便利です。

## 申込者メニューから申込者を確認する

❶「会員サイト構築セミナー」イベントを開き、サイドメニューの「申込者」をクリックします。ここでは全ての申込者が一覧で表示されます。表示条件で絞り込みをして確認できます。

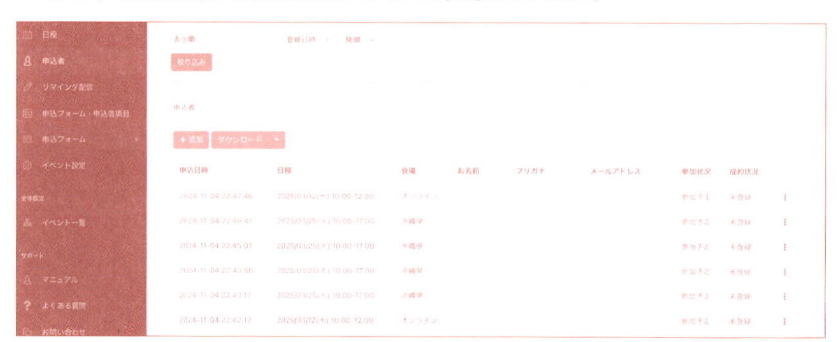

申込者を検索して操作を行いたい場合は、「申込者」メニューからのアクセスが便利です。

## 申込者の参加日程を変更する

参加者の一人から、参加日を変更したいと連絡があったと想定してUTAGEから参加日を変更してみましょう。操作としては一旦予約をキャンセルし、新しい日程に変更するという流れになります。

❶「会員サイト構築セミナー」イベントを開き、サイドメニューの「申込者」をクリックします。ここでは全ての申込者が一覧で表示されます。
❷「表示条件」で「お名前」を入力して該当者を絞り込みましょう。
❸該当者の「操作メニュー」から「参加日程変更（管理者用）」を選択します。

| 申込日時 | 日程 | 会場 | お名前 | フリガナ | メールアドレス | 参加状況 | 成約状況 |
|---|---|---|---|---|---|---|---|
| 2024-11-04 23:10:18 | 2025/03/12(水) 10:00-12:00 | オンライン | | | | 参加予定 | 未登録 |
| 2024-11-04 22:47:46 | 2025/03/12(水) 10:00-12:00 | オンライン | | | | 参加予定 | 未登録 |
| 2024-11-04 22:46:41 | 2025/03/25(火) 10:00-17:00 | 沖縄県 | | | | 参加予定 | 未登録 |
| 2024-11-04 22:45:01 | 2025/03/25(火) 10:00-17:00 | 沖縄県 | | | | 参加予定 | 未登録 |
| 2024-11-04 22:43:56 | 2025/03/25(火) 10:00-17:00 | 沖縄県 | | | | キャンセル(日程変更済) | 未登録 |
| 2024-11-04 22:43:17 | 2025/03/25(火) 10:00-17:00 | 沖縄県 | | | | 参加予定 | 未登録 |
| 2024-11-04 22:42:12 | 2025/03/12(水) 10:00-12:00 | オンライン | | | | 参加予定 | 未登録 |
| 2024-11-04 22:41:32 | 2025/03/12(水) 10:00-12:00 | オンライン | | | | 参加予定 | 未登録 |

❹「変更先日程」で「日程」から変更先を選択し「保存」ボタンをクリックします。（例　3/25の申込を3/12に変更）

❺変更すると、「参加状況」が「キャンセル（日程変更済）」になりました。
先頭の表に新しい日程で参加予定になったデータが追加されました。

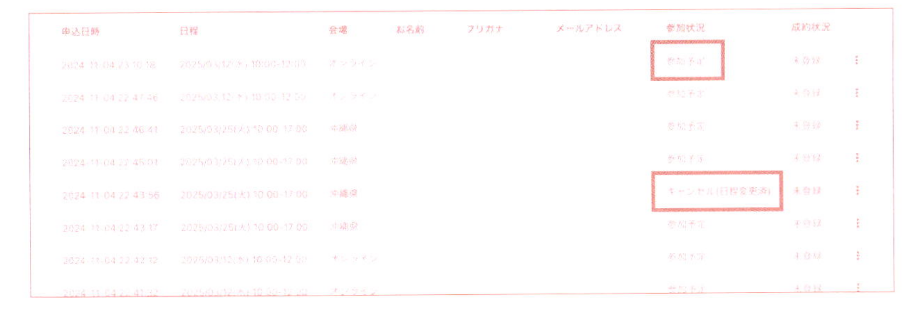


❻参加者をクリックして詳細を確認してみましょう。
「参加状況」が「キャンセル（日程変更済）」になっています。

「他の日程申込状況」に日程が追加され「参加状況」が「参加予定」になりました。

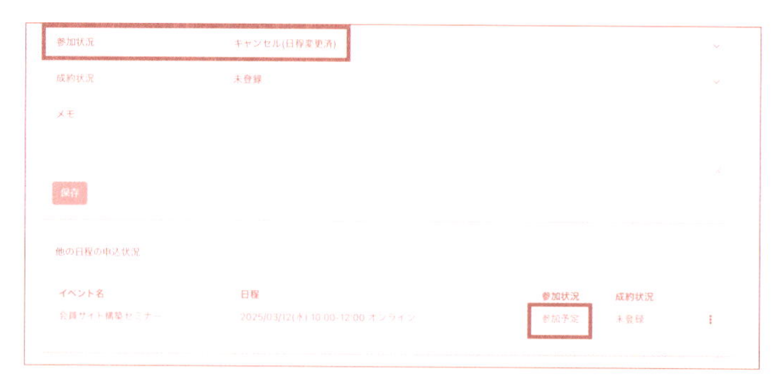


前の日程が「キャンセル（日程変更済)」になり、新しい日程で参加予定になったことが確認できました。

リマインダ配信が旧日程から削除され、変更後の日程に追加されます。

## 申込者のキャンセルを受付する

申込者の中からキャンセルの連絡が入ったので、１名キャンセルの手続きを行います。

❶「会員サイト構築セミナー」イベントを開き、サイドメニューの「申込者」をクリックします。「表示条件」で「お名前」を入力して該当者を絞り込みましょう。②申込者の名前をクリックして「申込者情報」を開きます。
❷「参加状況」を「キャンセル（連絡あり)」に変更し「保存」ボタンをクリックします。
❸申し込み者一覧に戻り、「参加状況」が「キャンセル（連絡あり)」になったことを確認しましょう。

キャンセル後、参加者に再度申込フォームを送り、申し込みし直してもらうことも可能です。その場合は、「操作メニュー」から「日程変更（申込者用）」をクリックします。表示された申込フォームのURLを申込者に送り、再度申込してもらってください。

## 申込者を手動で追加する

申込者を手動で追加してみましょう

❶「会員サイト構築セミナー」イベントを開き、サイドメニューの「申込者」をクリックします。ここでは全ての申込者が一覧で表示されます。
❷＜申込者＞の「追加」ボタンをクリックします。
「日程」のプルダウンメニューから日程を選択します。
名前、フリガナ、メールアドレス、電話番号を入力し「保存」ボタンで保存します。
新たな参加者が追加されたことを確認して下さい。

【イベント・予約】メニューの「申込者」画面から手動追加した場合、登録直後のステップ配信メールは送信しない仕様になっています。

SECTION 5-08 UTAGE

# 個別相談・個別予約メニューについて

1対1で行う個別相談や、個別セッションの予約を受け付けるための「個別相談・個別予約」の画面やメニューを確認しましょう。

## イベント一覧メニュー

❶個別相談の設定は、【イベント・予約】メニューをクリックします。最初に、個別相談を追加します。

- 「イベント一覧」タブ

「＋追加」ボタン、「表示順変更」ボタンがあります。

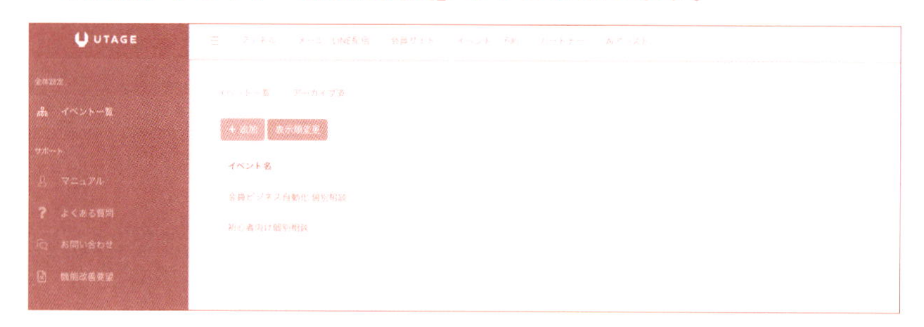


❷「＋追加」ボタンをクリックするとイベントを追加することができます。
表示されたウィンドウで個別相談の設定を行います。

- 種類：「セミナー・説明会」、「個別相談・個別予約」から選択します。１対１の相談の場合は、「個別相談：個別予約」を選択します。

- **イベント名**：わかりやすい名前をつけましょう。

**TIPS** 今後数が増えてくると一覧にどんどん並びます。一目で見分けがつくわかりやすい名前がおすすめです。

- **参加費**：「無料」、「有料」から選択可能
  有料を選択した場合は、お支払い方法などの設定が必要です。
  支払い方法はUnivaPay、stripe、AQUAGATES、テレコムクレジット、FirstPaymentから選択できます。

- **申し込み締切**：開催何日前の何時に締め切るのか設定します。
- **リマインダ配信**：「する」、「しない」を選択します。
- **連携配信アカウント**：「リマインダ用」または作成済みのアカウントから選択します。
- **リマインダ配信送信者名**：名前を入力します。
- **リマインダ送信者メールアドレス**：送信者アドレスを入力します。

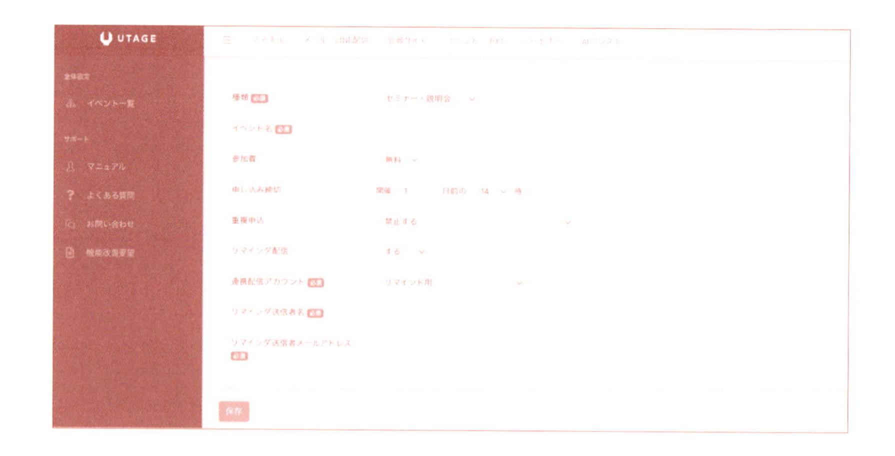


❸個別相談の作成後、イベント設定の画面を再度開きたい場合は、「イベント一覧」メニューをクリックし、「イベント一覧」タブの開きたいイベントをクリックし、さらにサイドメニューの「イベント設定」を選択して開きます。

- 「アーカイブ済」タブ

「イベント一覧」タブの右側にある「アーカイブ」タブで、アーカイブしたイベント・個別相談が表示されます。

いつでもアーカイブから、イベント一覧に戻すことができます。
操作メニューで「アーカイブを解除」を選択します。

右端の操作メニュー

- **開く**：イベント設定画面が開きます。
- **アーカイブを解除**：イベントを「アーカイブ済」タブから「イベント一覧」タブに移動し、アクティブな状態に戻します。

- **削除**：アーカイブ済みのイベント・個別設定を完全に削除します。

イベント・個別相談を開くとサイドメニューが表示されます。

左上に、これから設定を行う「イベント・個別相談名」が表示されます。

「個別相談・個別予約」で使用するサイドメニューを１つずつ紹介します。

## 「日程設定」メニュー

サイドメニューの「日程設定」メニューを開くと、個別相談の日程を設定できます。

<基本設定>

- **所要時間**：個別相談の所要時間を30分、45分、60分、90分、120分、カスタムより選択できます。選択した時間の予約枠が表示されるよ

うになります。

- **開催前の確保時間：**個別相談の開催前に何分確保したいかを設定します。0分、15分、30分、45分、60分、カスタムより選択します。
- **開催後の確保時間：**個別相談の開催後に何分確保したいかを設定します。0分、15分、30分、45分、60分、カスタムより選択します。
- **定員：**設定した人数に応じて、申し込みフォームに残席数を表示させます。

UTAGEでは、開催する曜日、時間帯の中で、連携するカレンダーに予定が入っていない時間を日程候補として提示できます。

設定した所要時間に応じて日程調整可能枠が表示されます。

### 開催前後の確保時間について

連携カレンダーの予定が空いていると、個別相談が２つ、３つと連続して入ってしまうことがあります。前後の時間に余白がないと、個別相談が延長してしまった場合、次の予約があると、前の個別相談を切り上げなければいけなかったりと、販売の機会損失にもなりかねません。

前の個別相談が延長しても、後の個別相談に支障がないように、開催前の確保時間、開催後の確保時間を設定することで連続予約を回避ができます。万が一予定が延長しても安心して個別相談に集中することができます。

ただし、「開催前の確保時間」または「開催後の確保時間」を0分以外の時間で指定すると、その確保時間を含む前後の「個別相談開催枠」を消費してしまうので注意が必要です。

例）

- 所要時間：30分
- 開催前の確保時間：5分
- 開催後の確保時間：5分

として、開催枠が以下の場合

- ①2025/10/01 10:00-10:30
- ②2025/10/01 10:30-11:00
- ③2025/10/01 11:00-11:30

「②2025/10/01 10:30-11:00」に申し込みが入ると、前後「5分」が含まれる①と③の開催枠も消費されてしまい、非表示になります。
※前後の開催に空白の時間を避けたい場合は、「開催前の確保時間」「開催後の確保時間」を「0分」設定にしてください。

**TIPS** なるべく多く予約を取りたいのか？　余裕を持って予約を取るのか？　個別相談の方針に合わせて時間を設定してください。実際に時間を設定して、申込フォームから申込のテストをしておくと安心です。

＜担当者設定＞

個別相談の予定に対して、どの担当者の予定に合わせて日程を表示するのかを選択します。担当者は、1名のみ、複数から設定できます。（事前に担当者を設定しておくと、「担当者」のプルダウンメニューに表示されます。担当者が決まっていない場合は、空欄にして先に進めます。後ほど担当者の設定「担当者」メニューから行い、再度ここに戻って設定してください。）

- **参加方式：**「担当者1名のみ参加」
- **担当者：**プルダウンメニューから担当者を1名のみ選択します。

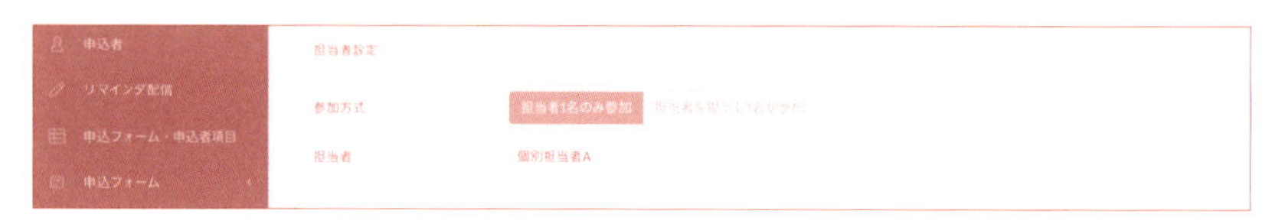


- **参加方式：**「担当者を提示し1名が参加」
- **担当者：**プルダウンメニューから担当者を複数選択します。
- **自動割り当て：**「利用する」、「利用しない」から選択

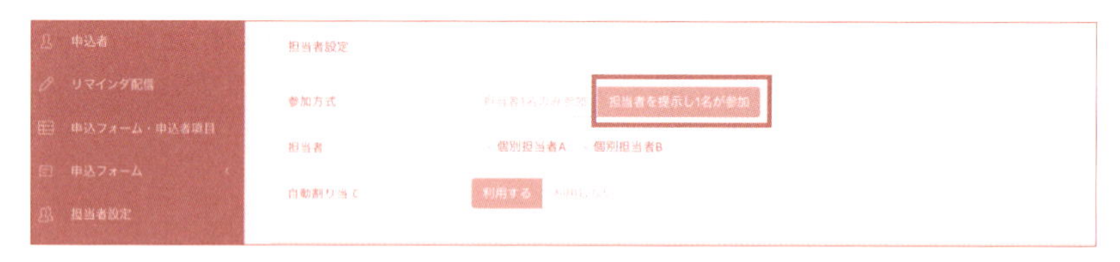


- 自動割り当てを「利用する」場合、担当者は左側の担当者から優先的に割り当てられます。
- 自動割り当てを「利用しない」場合、申し込みフォームで申込者が担当者を選択できます。

＜Zoom連携＞

- **Zoom連携：**「利用する」、「利用しない」から選択できます。

- **利用しない：**固定アドレスを別途配信する必要があります。
- **利用する：**担当者のZoomと連携され、個別予約ごとに異なるZoomリンクが自動発行されます。

Zoomの連携操作は、「担当者設定」メニューで行います。

### ＜日程設定＞

個別相談の受付可能な時間帯を設定しておくと、カレンダーの空き時間と連動して、日程を提案してくれます。

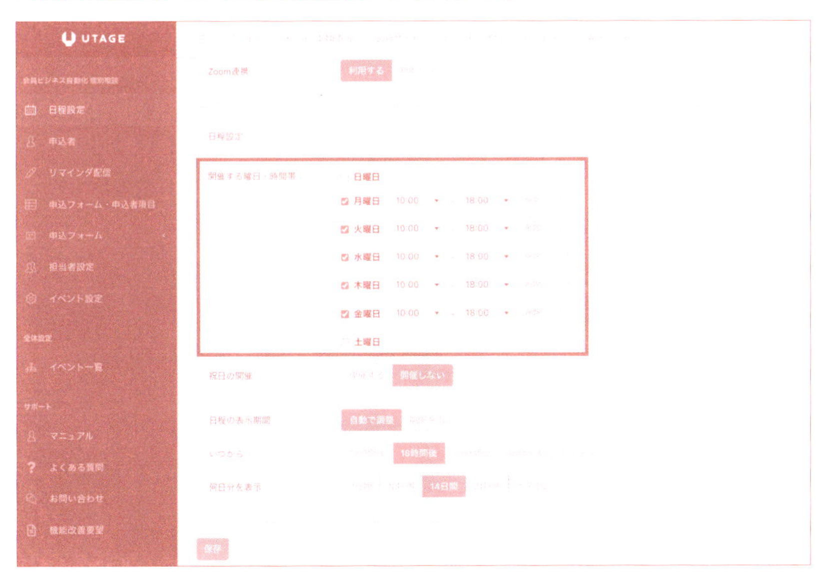


- **開催する日・時間帯：**日曜日から土曜日まで、時間帯を指定できます。
- **祝日の開催：**開催する、開催しない、から選択します。

1日の中で午前の部と、午後の部など複数の時間帯を設定する時は「追加」ボタンをクリックして時間帯を追加します。

例）月曜日は10:00–12:00、14:00–17:00の時間帯を設定

「削除」ボタンをクリックすると時間帯を削除できます。

誤って、曜日の「削除」ボタンをクリックして、時間帯が消えてしまった場合、チェックを入れ直して時間帯を設定しましょう。

- **日程の表示期間**：「自動で調整」、「期間を指定」を設定します。

期間限定の受付にしたい場合は、「期間を指定」して「期間」に日程を入力します。

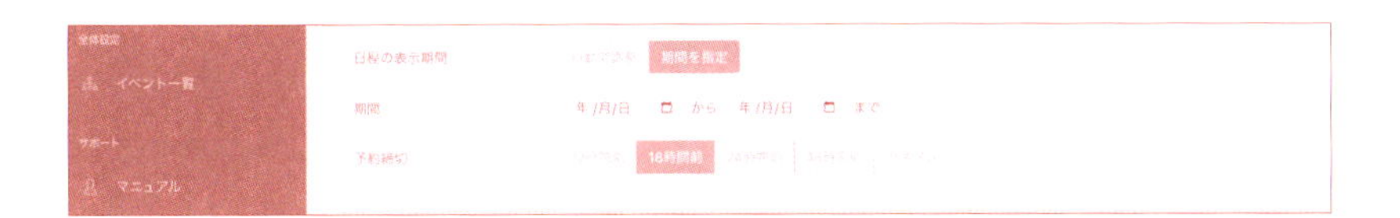

日程の表示時間で「自動で調整」を選択した場合、現時刻を起点に何時間後から日程を表示するのかを指定できます。

- **いつから**：12時間後、18時間後、24時間後、48時間後、カスタムより選択できます。
- **何日分を表示**：7日間、10日間、14日間、21日間、カスタムより選択できます。

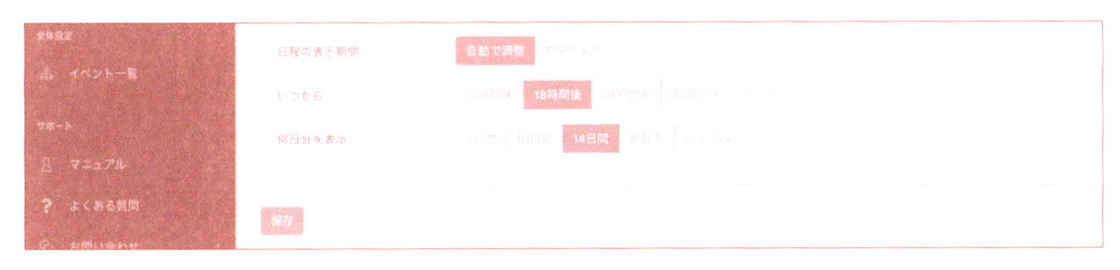

設定が終わったら「保存」ボタンをクリックして変更を保存します。

**TIPS** 時間を設定した後は、実際に申込フォームから申込のテストをしておくと安心です。設定したのになかなか個別相談の予約が入らない時は、「そもそも予約可能枠が申し込みフォームに表示されていない！」という事態が起きていないか確認しましょう。

## 「申込者」メニュー

申込者の中から条件を指定してリスト表示させることができます。個別相談に参加した人数、誰が参加しているのかを確認できます。

＜表示条件＞

- **日程**：開始日と終了日を指定できます。
- **お名前**：
- **メールアドレス**：申込者のメールアドレスを入力。
- **表示順**：「日程」「登録日時」で昇順か、降順で並べ替えできます。

設定ができたら、「絞り込み」ボタンをクリックします。

＜申込者＞

すでに申込者がいる場合は、申込者に一覧表示されます。

- **「ダウンロード」ボタン**：申し込み日時、日程、担当者、お名前、メールアドレス、参加URL、参加状況、成約情報をダウンロードできます。

## 「リマインダ配信」メニュー

イベント・個別相談作成時に、「リマインダ配信する」を選択すると、デフォルトで、申し込み時〜開始までのリマインダメールを自動作成。リマインダ配信は、メールのみ自動生成されます。LINE配信が必要な場合は、別途LINEメッセージを追加してください。

サイドメニューの「リマインダ配信」をクリックすると、自動でリマインダ配信がすでに作成されています。UTAGEにより、すでに文面は入力済みですが、追記や追加を行うことができます。

**TIPS** セミナー・説明会と同様にリマインダメールを追加、編集することができます。メールリマインダ配信の詳細は、メール・LINE配信編も参考にしてください。

## 「申し込みフォーム・申込者項目」メニュー

申し込み時のフォームに入力項目を設定して、参加者にさまざまな情報を入力してもらうことができます。デフォルトで、お名前、メールアドレスが入力項目になっています。追加する場合は、サイドメニューの「申込フォーム・申込者項目」メニューから設定します。

## <フォーム項目設定>

名称、フォーム利用、必須、入力形式、初期値・選択肢

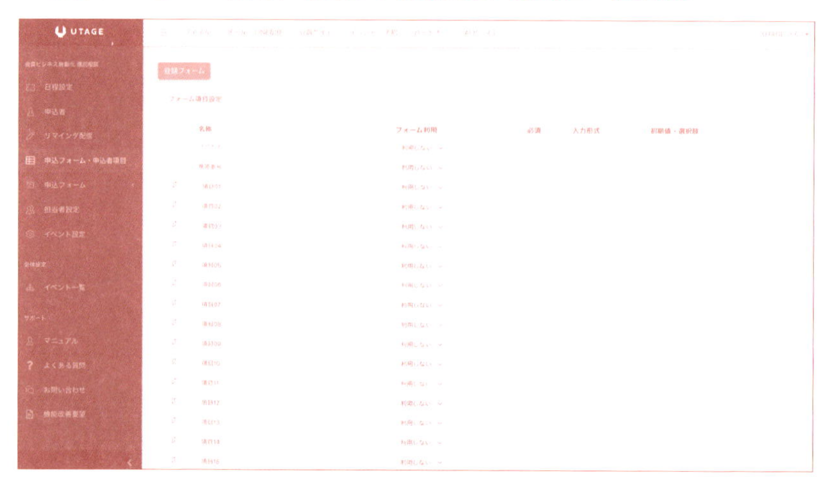


左上の「登録フォーム」ボタンをクリックすると、フォームのプレビューを表示できます。

URLをコピーして配布すると、このフォームでの個別相談の申し込みを受付することができます。

会員ビジネス自動化 個別相談

日程の選択

2024年10月

| | | | | | | |
|---|---|---|---|---|---|---|
| 29 | 30 | 1 | 2 | 3 | 4 | 5 |
| 6 | 7 | 8 | 9 | 10 | 11 | 12 |
| 13 | 14 | 15 | 16 | 17 | 18 | 19 |
| 20 | 21 | 22 | 23 | 24 | 25 | 26 |
| 27 | 28 | 29 | 30 | 31 | 1 | 2 |

選択した日程

日程

情報入力

お名前 必須

メールアドレス 必須

確認する

独自ドメインのURLを取得したい場合は、独自ドメインでログインして操作を行います。

## 「申込フォーム」メニュー

「申込フォーム・申込者項目」メニューでは、入力項目を設定しましたが、フォームの外観を変更したい場合は、サイドメニューの「申込フォーム」メニューをクリックします。

まず、デフォルトで何が設定されているのかを確認したい場合は、左上の「登録フォーム」「サンクスページ」をクリックして確認します。その上でカスタマイズしたい内容を追記します。

＜登録フォーム設定＞

- **申込の選択順：**「日程を先に選択」、「担当者を先に選択」から選択
- **登録フォーム上部に表示する内容：**タイトルと、参加日程の間に表示する内容を指定できます。
- **登録フォーム下部に表示する内容：**申し込みボタンの上に表示する内容を指定できます。

## 登録フォーム上部に表示する内容の表示位置

会員ビジネス自動化 個別相談

登録フォーム上部に表示する内容

日程の選択

2024年11月

| 日 | 月 | 火 | 水 | 木 | 金 | 土 |
|---|---|---|---|---|---|---|
| 27 | 28 | 29 | 30 | 31 | 1 | 2 |
| 3 | 4 | 5 ○ | 6 ○ | 7 ○ | 8 ○ | 9 |
| 10 | 11 ○ | 12 ○ | 13 ○ | 14 ○ | 15 | 16 |
| 17 | 18 | 19 | 20 | 21 | 22 | 23 |
| 24 | 25 | 26 | 27 | 28 | 29 | 30 |

## 登録フォーム下部に表示する内容の表示位置

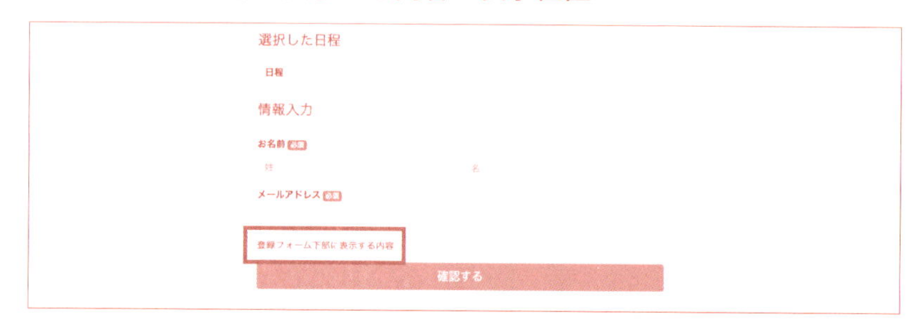


**TIPS** サンプルでは、テキストのみですが、エディターを活用してカラフルに作成することもできます。
ファネルページを使用せずに、登録フォームのURLを配布してLPの代わりに使用することもできます。すでに個別相談に関する情報提供がしっかり伝わっている場合、フォームはシンプルに必要事項だけにとどめることができます。前後の流れによって、活用方法を決定していきましょう。

headタグの最後に挿入するJavaScript：Google アナリティクス、Facebookピクセルなどを使用してトラッキングしたい場合を想定して、必要に応じてご活用ください。

会員サイト設定でご紹介したように、ファビコンも設定可能です。

- bodyタグの最初に挿入するJavaScript：必要に応じて活用。
- bodyタグの最後に挿入するJavaScript：必要に応じて活用。

**TIPS** 登録フォームは、ファネルページに埋め込み、ファネル機能と連携して、よりカスタマイズして設定することもできます。

＜サンクスページ設定＞

サンクスページはあらかじめデフォルトで設定されています。指定しない場合、システム標準の内容が表示されます。

この内容で差し支えなければ特に追記変更は不要です。

お申込みありがとうございます

お申込み頂いたメールアドレス宛にご案内をお送りしました。

メールが届いているか今すぐご確認ください。

しばらく経ってもメールが届かない場合は迷惑メールボックスをご確認ください。

それでもメールが届いていない場合はお問い合わせください。

- サンクスページに表示する内容：文章を追加できます。

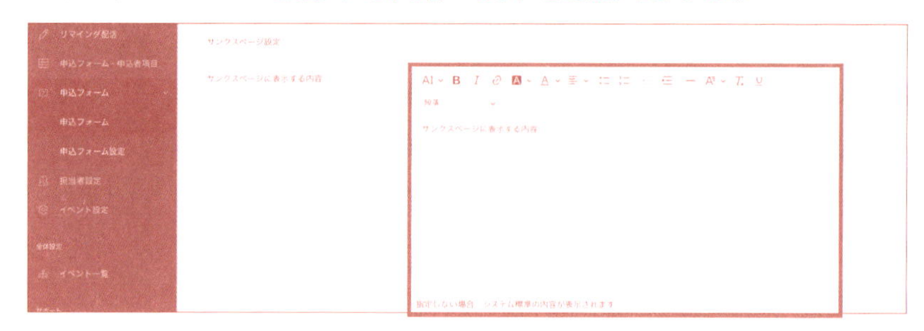


入力するとその内容に差し代わってしまいます。差し替える場合は、フォントサイズなどを設定し、魅力的に仕上げてみてください。

＜サンクスページプレビュー＞

サンクスページに表示する内容

- headタグの最後に挿入するJavaScript：必要に応じて活用。
- bodyタグの最初に挿入するJavaScript：必要に応じて活用。
- bodyタグの最後に挿入するJavaScript：必要に応じて活用。

## 「担当者設定」メニュー

UTAGEでは、個別相談ごとに、担当者、担当者のZoomURL（当日使用するURL）、開催日（時刻）が紐付きます。

個別相談の日程設定の担当者設定で担当者を指定する時に、担当者が未設定だと、担当者を選択することができません。

担当者が一人、複数に関わらず、担当者を事前に設定しましょう。

個別予約を開きサイドメニューの「担当者設定」をクリックします。

＜担当者＞

「＋追加」ボタン、「表示順変更」ボタンが表示されます。

担当者名：設定済みの担当者が表示されます。

担当者を新規作成する時は「＋追加」ボタンをクリックします。

＜基本設定＞

担当者名：担当者名を入力します。

- **管理名称：**わかりやすい名称を設定します。

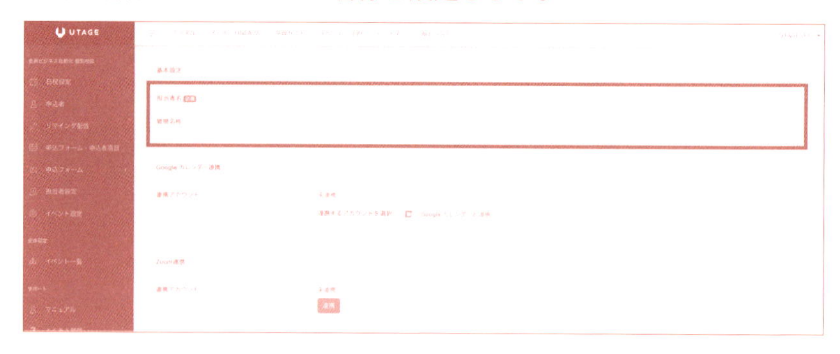

### ＜Googleカレンダー連携＞

　カレンダー連携の設定をしなくても個別相談の利用は可能ですが、カレンダー連携すると、空き時間に合わせて個別相談の枠が設定されるので、かなり効率アップできます。

「連携するアカウントを選択」の「Googleカレンダーと連携」ボタンをクリックして設定します。

### ＜Zoom連携＞

　Zoom連携がまだの場合「連携アカウント」が「未連携」という表示になります。設定が済むと、アカウント名が表示されます。Zoom連携するには、「連携」ボタンをクリックしてスタートします。

### ＜メール通知設定＞

- **通知先メールアドレス：**複数メールアドレスに通知する場合は、カンマ区切りで入力します。
- **申し込み時の通知：**「デフォルト」、「カスタム」で指定できます。
- **キャンセル時の通知：**「デフォルト」、「カスタム」で指定できます。

「カスタム」を選択すると置き換え文字を使用して本文をカスタマイズできます。

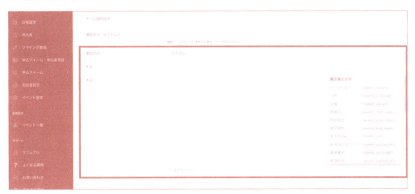


＜チャット通知機能＞

**通知先**：「通知しない」「Chatwork」「Slack」から指定できます。

## 「イベント一覧」メニュー

設定した個別相談・個別予約を一旦保存したものを開く方法をご紹介します。

【イベント・予約】メニューにアクセス、またはサイドメニューの「イベント一覧」にアクセスします。

<全体設定>

**「イベント一覧」メニュー**

「＋追加」ボタン、「表示順変更」ボタンで編集します。

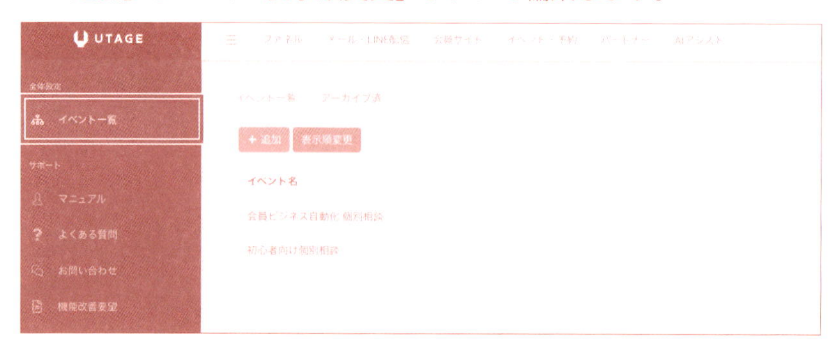

SECTION

5-09 UTAGE

# 個別相談・個別予約を新規作成しよう

個別相談、予約を実際に作成していきましょう。
実際にUTAGEシステムを使用して、個別相談を作成しましょう。
ここでは「会員ビジネス自動化 個別相談」を作成します。

## 個別相談実施前に決めておくこと

- あなたはどんなサービス提供者ですか？
- 今回はどんな個別相談・個別予約を作りますか？
- 参加者はどんな成果を上げますか？

実際にUTAGEの「個別相談・個別予約」機能を使って、個別相談を設定しましょう。カレンダー連携をして、時間帯の設定をし、ZOOM連携、通知設定も行ってみましょう。

最後に申込フォームから、実際の操作をテストし、どのように通知が届くのかも合わせて確認します。

## 個別予約を新規作成する

❶【イベント・予約】メニューをクリックし「イベント一覧」の「＋追加」ボタンをクリックし詳細を設定してみましょう。

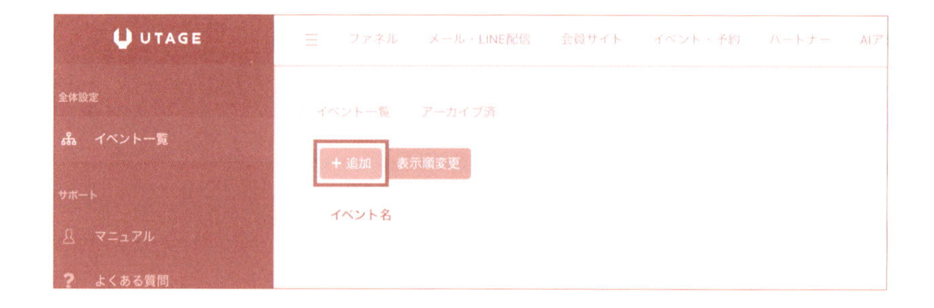


- **種類：**「個別相談」「個別予約」を選択します。
- **イベント名：**「会員ビジネス自動化 個別相談」と入力します。
- **リマインダ送信者名：**自分の名前を入力します。
- **リマインダ送信者メールアドレス：**自分のメールアドレスを設定。

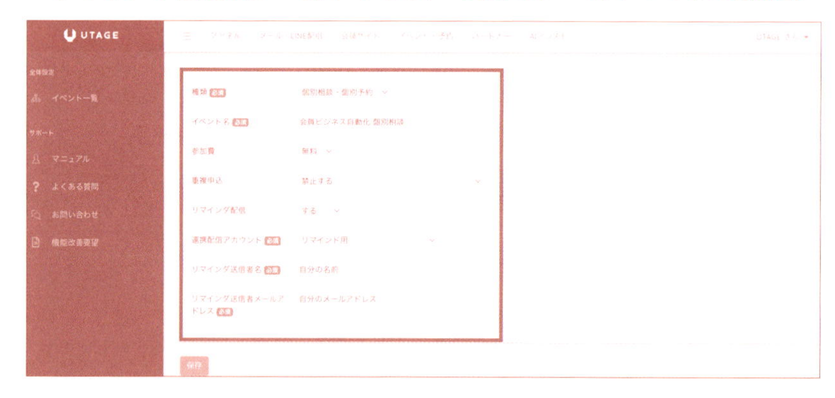


**❷「保存」ボタンをクリックして設定を保存します。**

「会員ビジネス自動化 個別相談」が新規作成、保存されました。

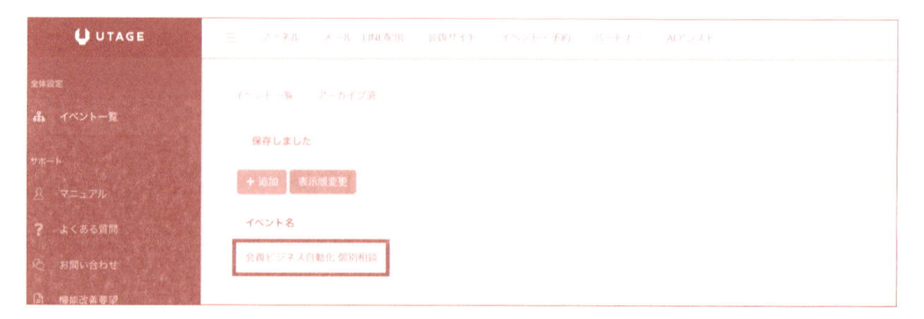

## 個別相談・個別予約を追加作成する

❶同様にして個別相談・個別予約を作成しましょう。

- 種類：個別相談・個別予約
- イベント名：初心者向け 個別相談
- リマインダ送信者名：自分の名前
- リマインダ送信者メールアドレス：自分のメールアドレスを設定。

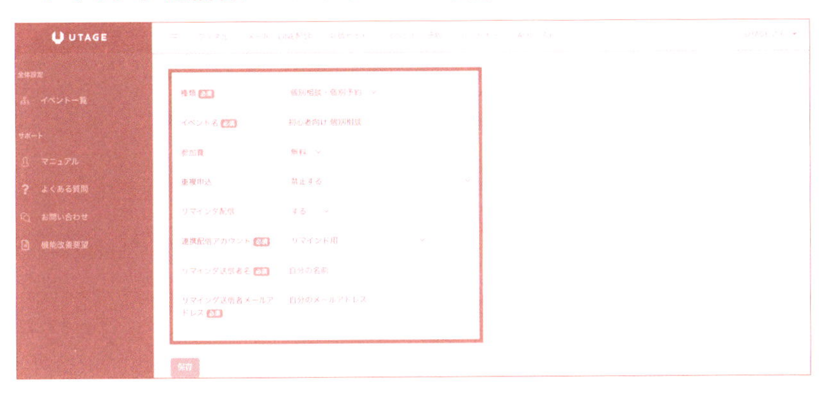


❷設定ができたら最後に「保存」ボタンをクリックします。

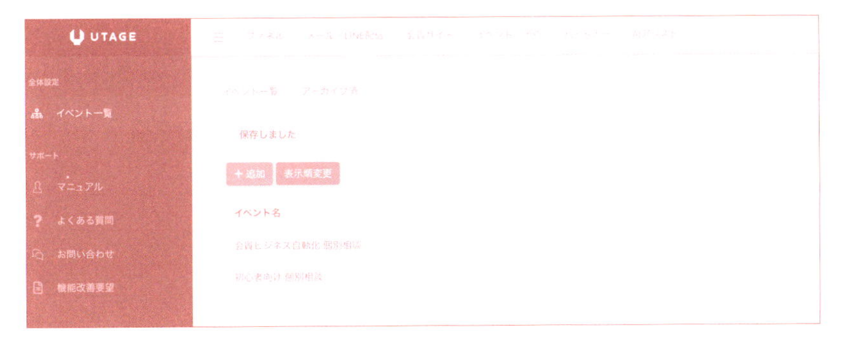


## 個別相談・個別予約の詳細を変更する

作成した個別相談の詳細を変更してみましょう。

「初心者向け 個別相談」の名前を「初心者向け個別セッション」に変

更してみましょう。

❶「初心者向け 個別相談」の「操作メニュー」から「開く」を選択します。または、個別相談をクリックして開きます。

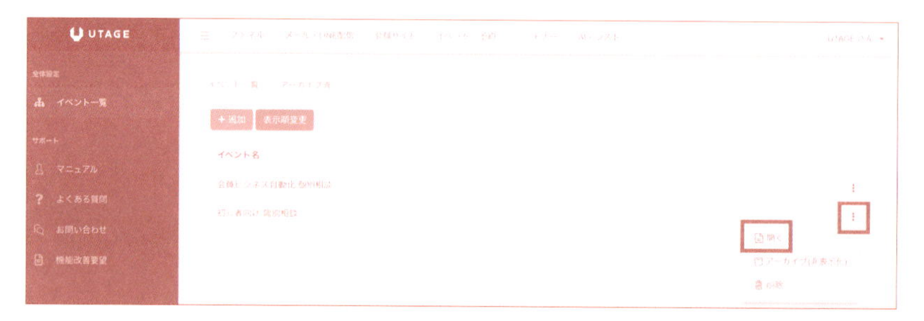


❷サイドメニューの「イベント設定」をクリックします。

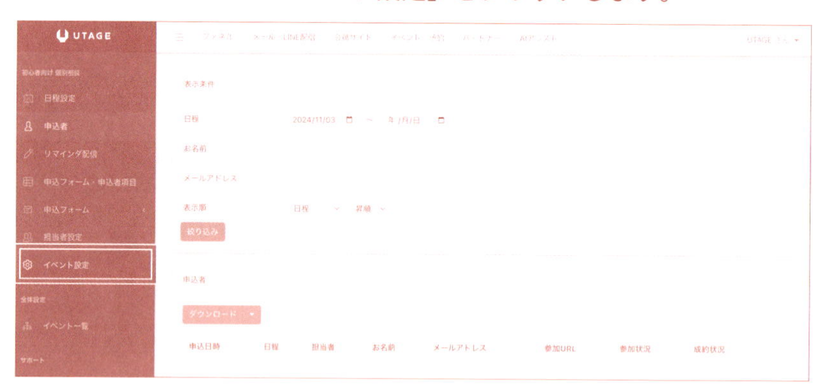


❸イベント名を「初心者向け 個別セッション」に変更し閉じます。

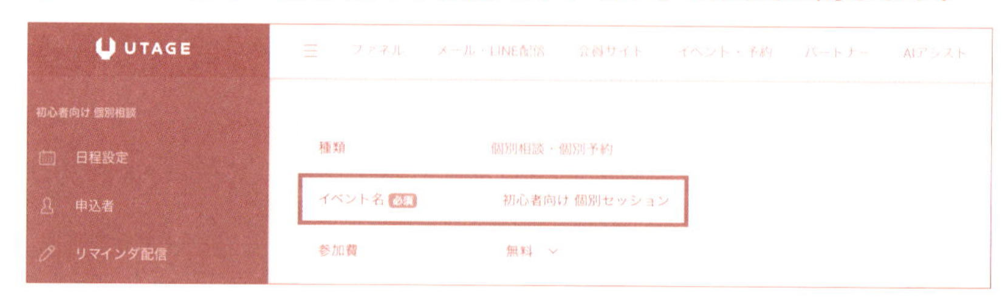

❹【イベント・予約】メニューをクリックし、名前が変更されたことを確認しましょう。

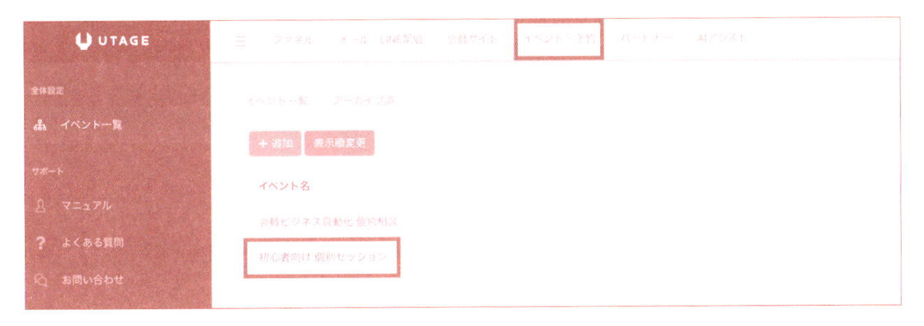


## 個別相談・個別予約URL確認方法

作成した個別相談のURLを確認してみましょう。

❶【イベント・予約】メニューをクリックし「イベント一覧」から「会員ビジネス自動化 個別相談」をクリックします。

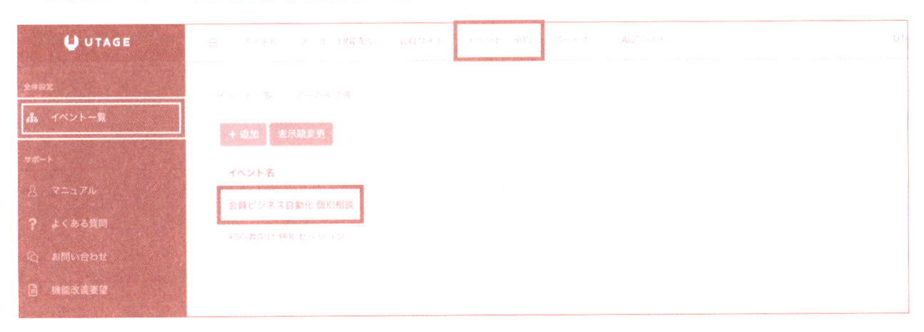


❷左上（日程設定の上）に「会員ビジネス自動化 個別相談」と表示されていることを確認し、サイドメニューの「申込フォーム」をクリックしてメニュー開き、「申込フォーム」をクリックします。

❸先ほど作成した個別相談の申し込みフォームが開きます。
準備が整ったら、アドレスバーのURLをコピーして配布して使用できます。

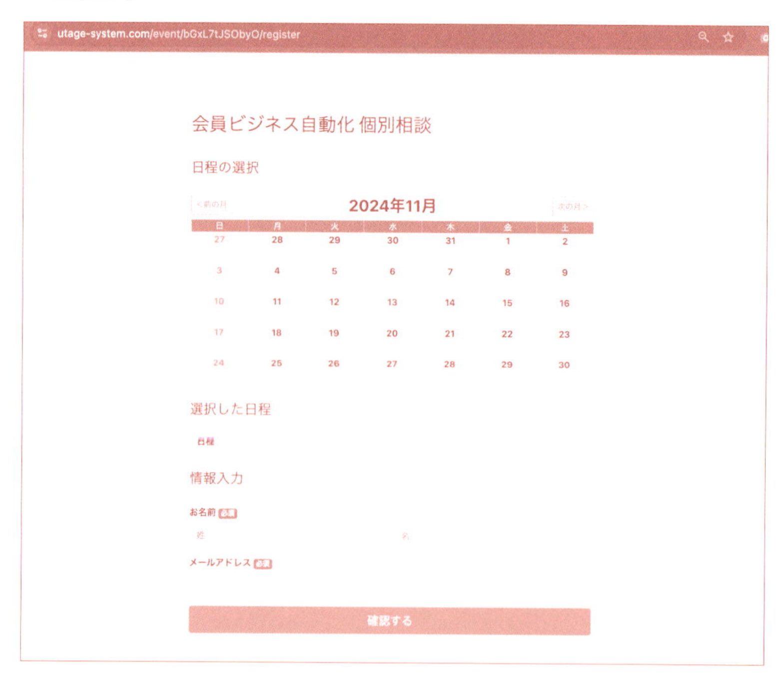

## 個別相談・個別予約の表示順を変更する

作成した個別相談は、自由に並べ替えて表示することができます。

❶【イベント・予約】メニューをクリックします。

「イベント一覧」タブの「表示順変更」ボタンをクリックします。

❷「イベント表示順変更」画面になり、個別予約の先頭に⇅が表示されます。

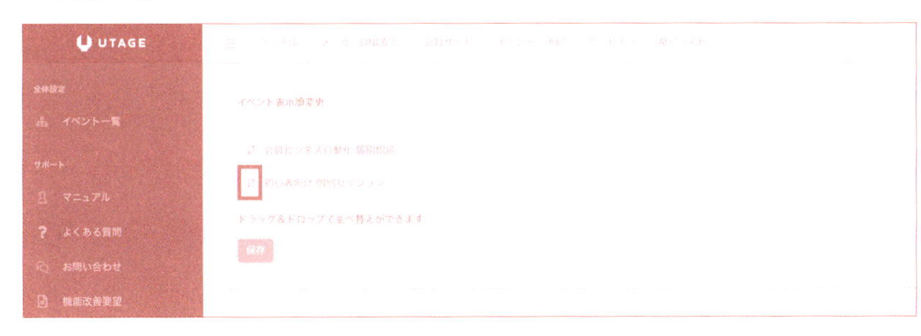


❸「初心者向け 個別相談」を１番上に移動してみましょう。

ドラッグ＆ドロップで簡単に移動できました。

❹「保存」ボタンをクリックして表示順を保存します。

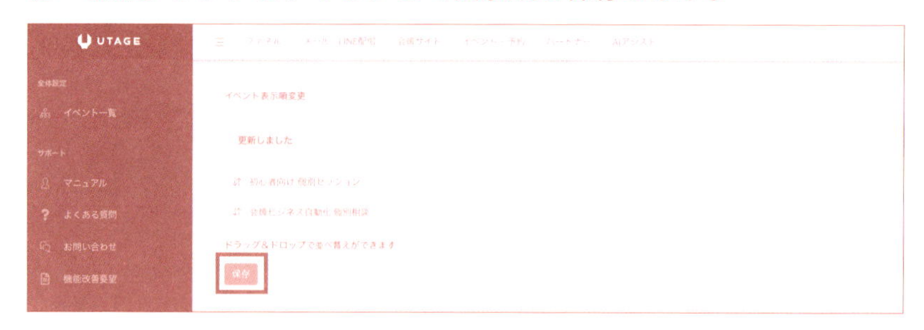


## 個別相談・個別予約をアーカイブ（非表示化）する

不要になった個別相談・個別予約は、削除して完全に消去するか、アーカイブ（非表示化）して保管しておくことができます。

❶サイドメニューの「イベント一覧」をクリックします。
「初心者向け 個別相談」をアーカイブしてみましょう。
❷「操作メニュー」をクリックします。

❸アーカイブ（非表示化）をクリックするとアーカイブされます。

❹「アーカイブ済」タブを開くと、アーカイブされたことが確認できます。

❺「初心者向け 個別相談」の「操作メニュー」から「アーカイブを解除」を解除してみましょう。

❻「イベント一覧」タブに再表示されます。

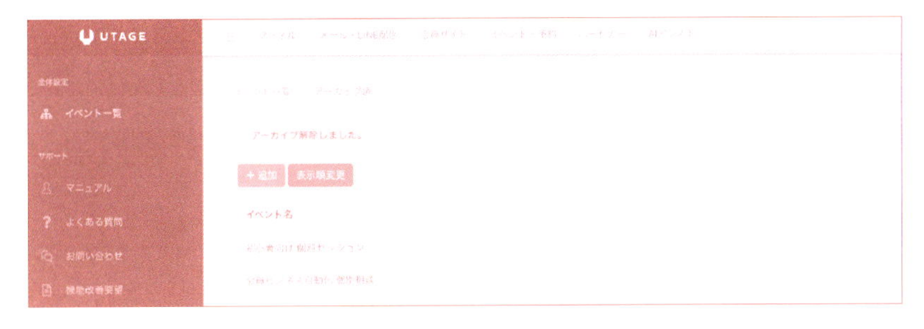


## 個別相談・個別予約を削除する

「初心者向け 個別相談」の「操作メニュー」から「削除」を選択して個別相談を削除してみましょう。削除すると完全にシステムから消えてしまいます。

本番で利用する時は、アーカイブか削除かを検討してください。

❶「初心者向け 個別相談」の「操作メニュー」から「削除」を選択します。

❷確認メッセージで「OK」をクリックすると削除されます。

❸「初心者向け個別相談」が削除されたことを確認します。

SECTION 5-10 UTAGE

# 担当者を設定しよう

個別相談の担当者を設定し、予約ができる準備を進めましょう。
複数のスタッフが対応する場合に便利な機能です。

## 担当者を新規作成する

個別相談の「メイン担当」を追加します。

❶【イベント・予約】メニューをクリックし、イベント一覧から「会員ビジネス自動化 個別相談」を開き、サイドメニューから「担当者設定」をクリックします。

❷<担当者>で「+追加」ボタンをクリックします。

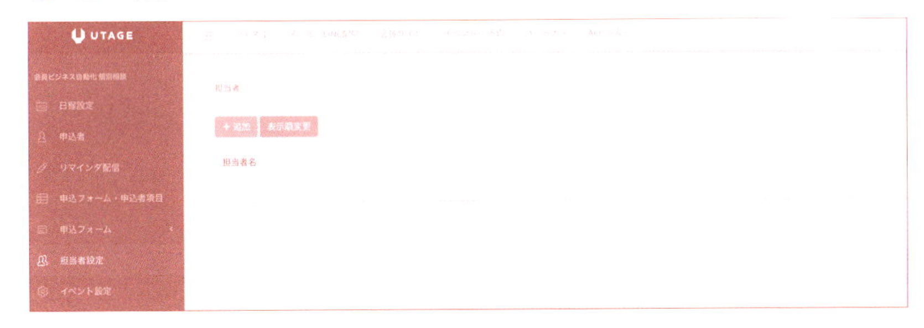


❸メイン担当者の詳細を設定しましょう。

<基本設定>

- 担当者名：自分の名前
- 管理名称：メイン担当と設定します。

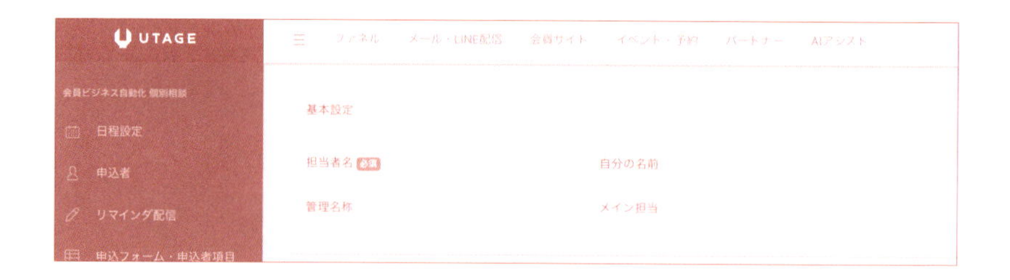


練習なのであえて、担当者名と、管理名称を別々に設定して動作確認してみましょう。

## Googleカレンダー連携の設定をする

❶Googleカレンダーを持っている場合は、実際にカレンダー連携してみましょう。

<Googleカレンダー連携>

- 連携するアカウントを選択：「Googleカレンダーと連携」をクリック。

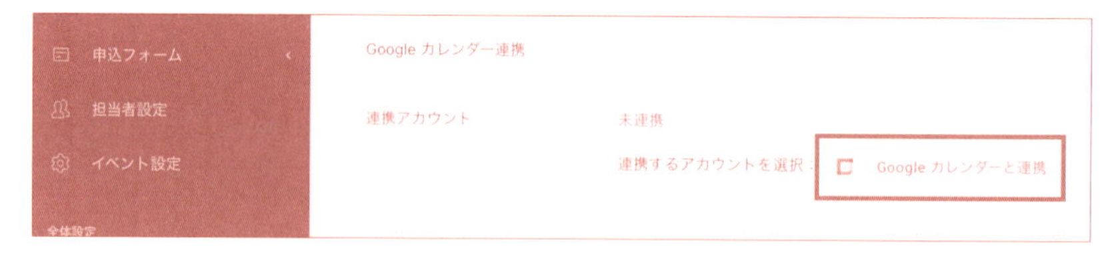


❷Google カレンダー連携の設定例です。ご自分の設定に合わせて変更してみましょう。

- 空き時間を抽出するカレンダーの変更・追加：自分のカレンダーに応じて設定
- 予定登録先のカレンダーの変更：自分のカレンダーに応じて設定
- 終日の予定の扱い：予約を受け付けない

❸変更が終わったら一旦「保存」ボタンをクリックして変更を保存しましょう。

特定の日程をイベント予約の日程から除外したい時は、「終日の予定の扱い：予約を受け付けない」の設定にして、終日の予定をカレンダーに追加しておけば、個別相談日の対象にはなりません。

## Zoom連携の設定をする

❶Zoomアカウントを持っている場合は、実際に連携してみましょう（Zoomアカウント設定は無料ですぐに開設可能ですので、アカウント作成がまだの方はやってみてください）。

<Zoom連携>
「連携」ボタンをクリックします。

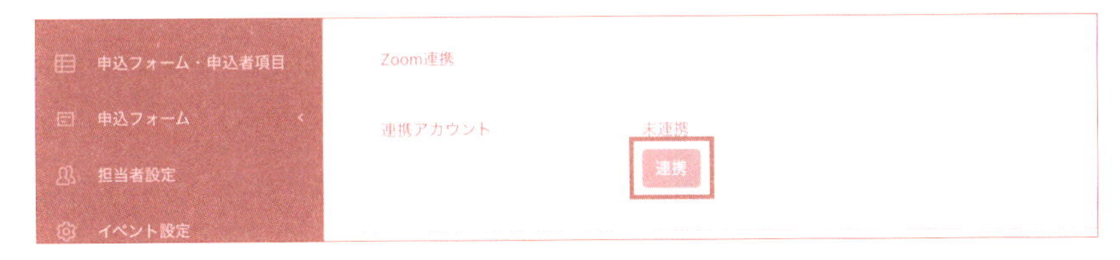


## メール通知設定をする

❶メール通知がどのように届くのか、試しに設定してみましょう。

<メール通知設定>
- 通知先メールアドレス：
- 通知内容：デフォルト

まずはデフォルトでどんな通知が届くのかを確認し、追加したいことがあれば、「通知内容」で「カスタマイズ」を選択し通知メール内容のカスタマイズをしましょう。

- **申し込み時の通知：**「デフォルト」「カスタム」を設定します。
- **キャンセル時の通知：**「デフォルト」「カスタム」を設定します。

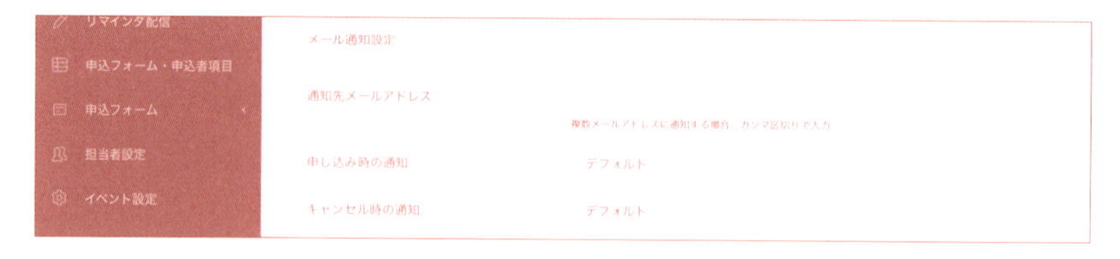


ご自身のアカウント使用状況に応じて設定してください。

<チャット通知設定>

Chatwork、Slackの設定は、本書特典をご覧になってください。

## 個別相談の担当者を追加する

個別担当者A、個別担当者Bを追加してみましょう。

**❶「担当者設定」メニューを選択し、「追加」ボタンをクリックして新規作成します。**

- **担当者：**担当者の名前
- **管理名称：**担当者A

と入力して、管理名称と担当者との違いもこの後の操作で確認しておきましょう。

❷「保存」ボタンをクリックして保存します。

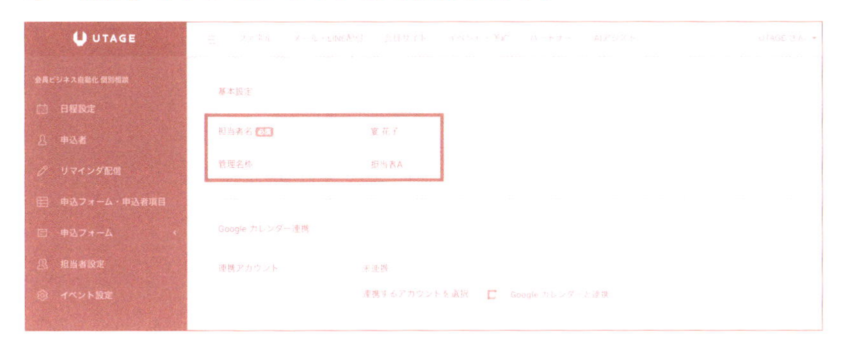


❸同様にして、担当者と管理名称を入力します。

- 担当者：担当者の名前
- 管理名称：担当者B も追加してみましょう。

❹「保存」ボタンをクリックして保存します。

❺メイン担当者Cを好みの設定で追加しましょう（この後の表示順変更、練習で使用します)。

## 担当者の表示順を変更する

担当者の表示順の変更は、個別相談の表示順変更と同様の操作でできます。

❶「担当者設定」メニューをクリックし、「表示順変更」ボタンをクリックして変更してみましょう。３者の順番を入れ替えてみましょう。

## 個別相談の担当者を削除する

担当者を削除する時は、削除したい担当者の「操作メニュー」から「削除」を選択します。

❶担当者Bを削除してみましょう。

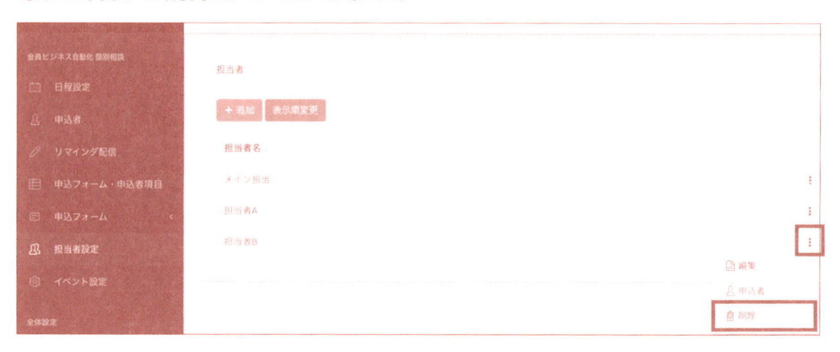


❷担当者Bが削除されました。

この後の練習で担当者Bを使用しますので、再度「担当者B」を追加しておいてください。

SECTION 5-11

UTAGE

# 個別相談・個別予約日程を追加しよう

担当者の設定ができたら、実際にメイン担当に個別相談の予約の時間帯の設定を行い、どのように予約が受け付けられるのかを操作して確認しましょう。

## 個別相談・個別予約日程追加方法

これからUTAGEを使い始める方も、今すぐ、個別相談を開催するわけではない方も、一緒にUTAGEの便利な機能を体験してみましょう。

作成した3名（メイン担当、担当A、担当B）の担当者が、日程設定でどのように見えるのかも合わせて確認していきます。

## 個別相談の日程を設定する

❶【イベント・予約】メニューをクリック、「イベント一覧」から「会員ビジネス自動化 個別相談」をクリックします。

❷サイドメニューから「日程設定」を選択します。

＜基本設定＞が表示されました

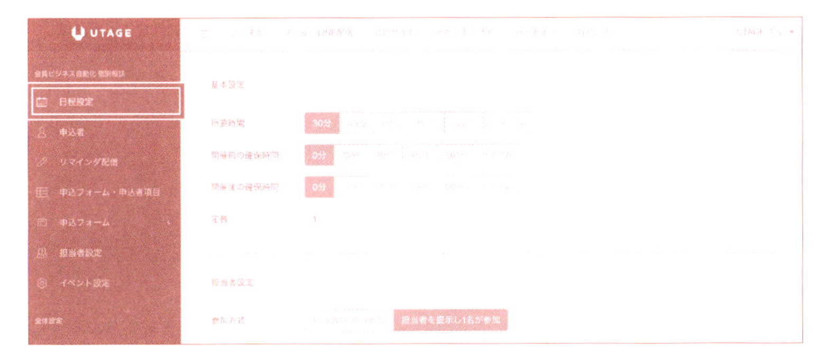

❸実際に45分で設定して、申し込みフォームにどのように表示されるのか動作確認してみましょう。

<基本設定>

- 所要時間：45分
- 開催前の確保時間：0分
- 開催後の確保時間：0分

❹<担当者設定>で担当者に「メイン担当」を設定してみましょう。
❺開催する曜日を月曜、水曜、金曜にしてみましょう。

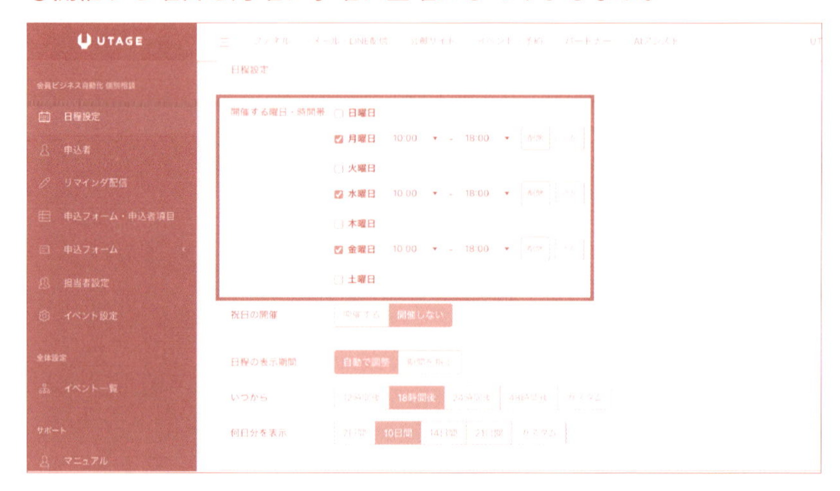

❻開催する曜日が月曜、水曜、金曜になりました。

| 日 | 月 | 火 | 水 | 木 | 金 | 土 |
|---|---|---|---|---|---|---|
| 27 | 28 | 29 | 30 | 31 | 1 | 2 |
| 3 | 4 | 5 | 6<br>○ | 7 | 8<br>○ | 9 |
| 10 | 11<br>○ | 12 | 13<br>○ | 14 | 15 | 16 |
| 17 | 18 | 19 | 20 | 21 | 22 | 23 |
| 24 | 25 | 26 | 27 | 28 | 29 | 30 |

選択した日程

日程

情報入力

お名前 必須

姓　　名

❼○のついている日付をクリックすると、カレンダーの空き時間に応じて、個別相談の予約枠が表示されます。

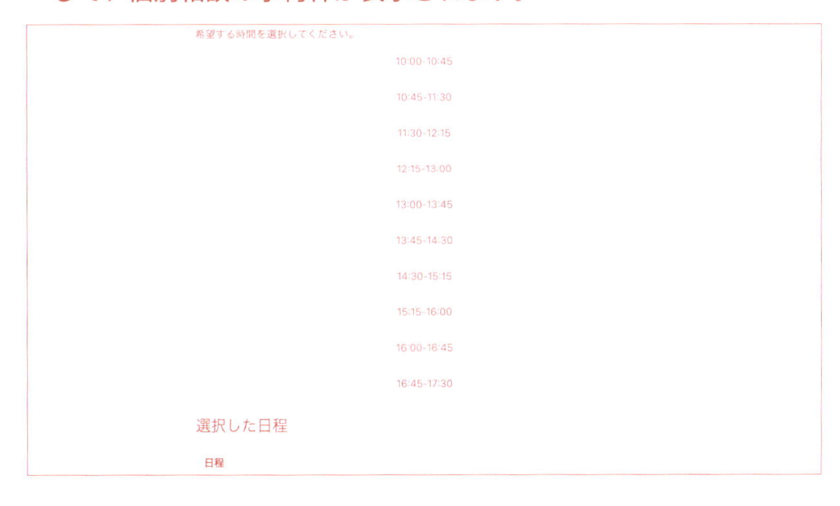


❽どんな予約枠が作成されたか、申込フォームを表示して確認します。

サイドメニューの「申込フォーム」メニューから「申込フォーム」をクリックして確認します。何度か変更を加える場合は、表示させたフォームを、ブラウザで再表示することで、同じタブで最新状態を確認できます。

SECTION 5-12 UTAGE

# 個別相談・個別予約日程を変更しよう

さらに予約の日時変更、担当者変更、詳細変更、追加設定してみましょう。

## 個別相談・個別予約の日程を追加・変更する

❶月水金の予定は1日中個別相談ではなく、途中に休憩を入れます。
「追加」ボタンをクリックすることで1日の予定に複数の時間帯を設定できます。
月曜日の13-15時にブレイクを作ってみましょう。「追加」ボタンをクリックして後半の時間帯を入力し、前半の時間帯を13時までに変更します。

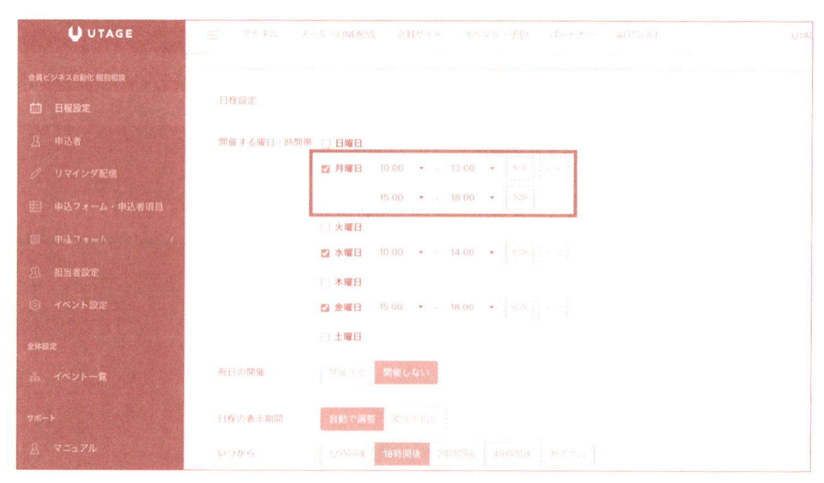


❷月曜日　13-15時にブレイクができました。

❸申し込みフォームでプレビューし、表示を確認してみましょう。

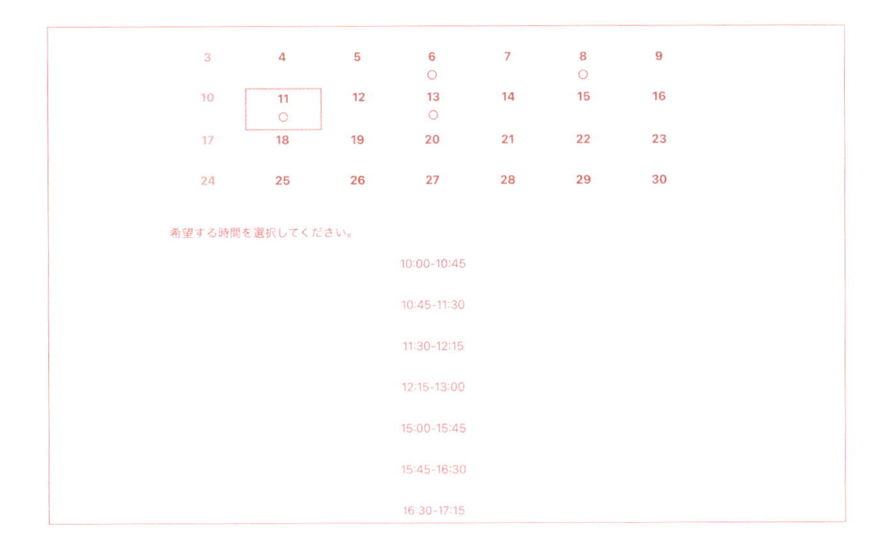


さらに他の曜日や、自分を想定して、開催前の確保時間、開催後の確保時間も必要に応じて設定してみましょう。

## 個別相談・個別予約の日程に担当者を追加する

「担当者設定」に担当者を追加してみましょう。

担当者ＡＢを個別相談の担当者として追加します。

❶「会員ビジネス自動化 個別相談」を開き、サイドメニューの「日程設定」を開きます。

・参加方式：「担当を提示し1名が参加」に変更します。

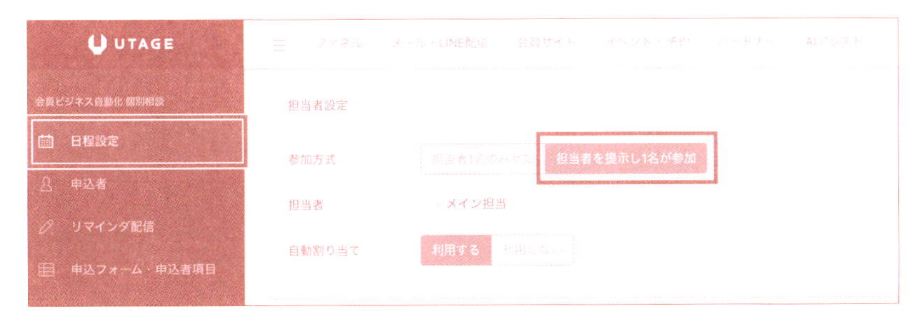

❷「担当者」の「メイン担当」の隣をクリックするとプルダウンメニューが表示されます。
「担当者A」「担当者B」をそれぞれ追加します。

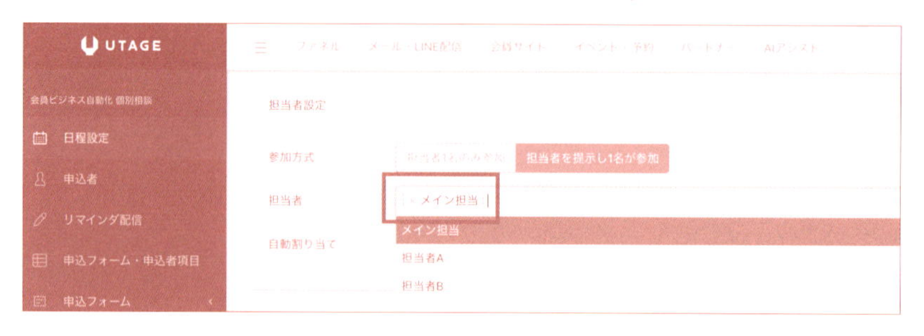


### 「担当者」に氏名を表示させるには？

この時点でお分かりのように、担当者の設定で、「管理名称」に名前を入力していないと、日程設定の時に名前が出てこず「メイン担当」という表記になります。実際の運用上不便と感じる場合は、「管理名称に、名前を入力しておく方が良い」という判断になります。

今回は、操作練習なのでこのまま続けます。

### 追加順は何か関係があるの？

自動割り当てをオンにすると、左側の担当者が最優先で、提案表示されることになります。

一旦保存して、申し込みフォームで複数の担当者がどのように表示されるのか確認してみましょう。

**❸自動割り当てにするとどうなるのか、利用しないにするとどうなるのか、設定して確認してみましょう。**

- **自動割り当て**：「利用する」に設定にせず、「利用しない」にしてみましょう。

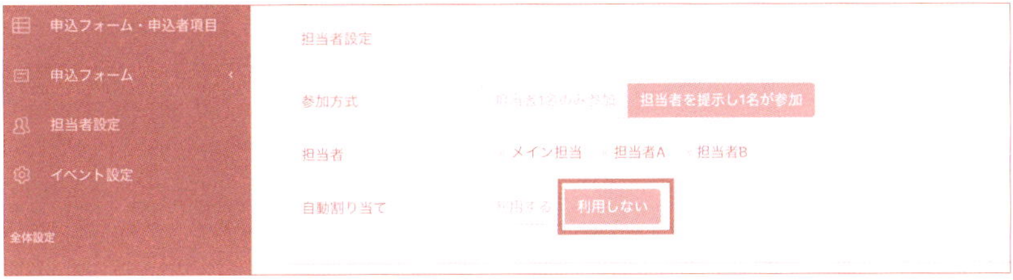

**❹申し込みフォームを再読み込みして表示させます。**

参加者になった目線で、日付、時刻を選択してみましょう。

**例）17:15–18:00を選択すると**

担当者に、自分の名前、担当者A、担当者Bの「担当者名」が表示されました（全員にGoogleカレンダー連携が未設定でも表示されます）。

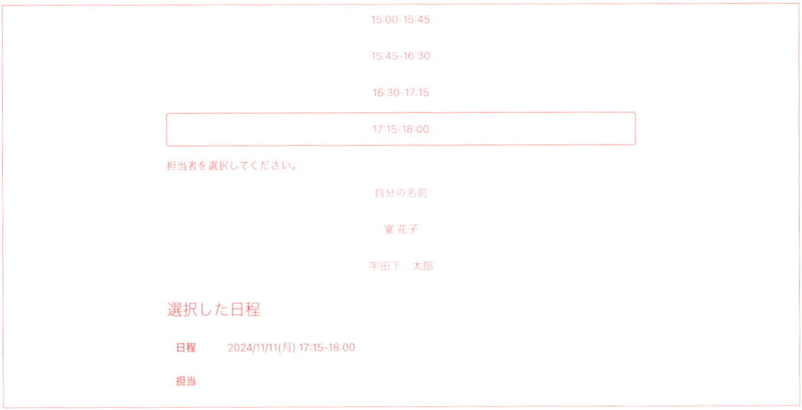

実際に申し込みをしてみましょう

**❶自分の名前（メイン担当者）を選択し、新規申込者として、必要事項を入力し、「確認する」ボタンをクリックします。**

※自分の担当者設定で、メール通知を設定しているので、別のメールアドレスを入力し、メール通知がどのように届くのか？参加者にはどんな案内が届くのかを確認していきます。

**❷担当者設定で使ったメールアドレス以外のものを使用して申込フォ**

ームに入力します。

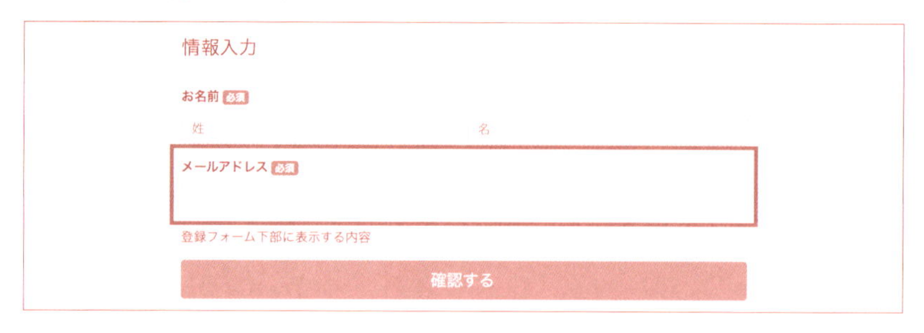


❸「登録確認」のウィンドウで内容を確認して「申込する」ボタンをクリックします。
申し込み完了後にサンクスページが表示されます。

<UTAGEデフォルトのサンクスページ>

お申込みありがとうございます

お申込み頂いたメールアドレス宛にご案内をお送りしました。

メールが届いているか今すぐご確認ください。

しばらく経ってもメールが届かない場合は迷惑メールボックスをご確認ください。

それでもメールが届いていない場合はお問い合わせください。

❹申込者にメールが届いているか確認しましょう。
以下のようなメールがUTAGEから自動送信されました。
この文章はデフォルトですので、カスタマイズしたい時は、返信メールの内容を変更して下さい。

【重要】会員ビジネス自動化 個別相談へのお申込みが完了しました　@　15:40

参加者名前 様

この度は
会員ビジネス自動化 個別相談——— 設定した個別相談の名前
にお申込み頂きありがとうございます。

お申込み頂いたご予約について
ご案内をさせて頂きます。

■　お申込者情報

---

お名前：参加者名
メールアドレス：アドレス
電話番号：電話番号

■　日程・参加方法

---

日程：
20XX/00/00(月) 17:15〜18:00

参加用URL：
https://us04web.zoom.us/j/URL
ミーティングID：
パスコード：

※事前にZoomをインストールして頂く必要がございます。
　まだインストールしていない場合、以下からインストールくださいませ。

Zoomインストール(無料)
https://zoom.us/download

■　キャンセルについて

---

キャンセルを希望される場合は事前に『必ず』ご連絡ください。

---

送信者名
送信者メールアドレス

---

❺あわせて、担当者にどんなメールが送られたのか？
先ほど設定した通知先のメールアドレスを確認してみましょう。
申し込み通知は無事届いていましたか？

早速開いて確認してみましょう。

件名：【申込通知】会員ビジネス自動化 個別相談

本メールはシステムより自動送信されています。
（※申込者にはこのメールは送信されていません。）

下記の個別相談・個別予約に予約がありましたのでご確認ください。

■イベント名：会員ビジネス自動化 個別相談　――設定した個別相談
■日程：20XX/00/00(月) 17:15〜18:00
■担当：メイン担当　――管理名が表示

■お名前：参加者名
■フリガナ：
■メールアドレス：メールアドレス
■電話番号：

■申込者一覧：
https://utage-system.com/event/イベント番号/applicant

「申込者一覧」のリンクをクリックしてみましょう。
該当の個別相談の「申込者」一覧が表示されます。

❻カレンダーの連携をした場合は、カレンダーにも予定が入っているか確認しましょう

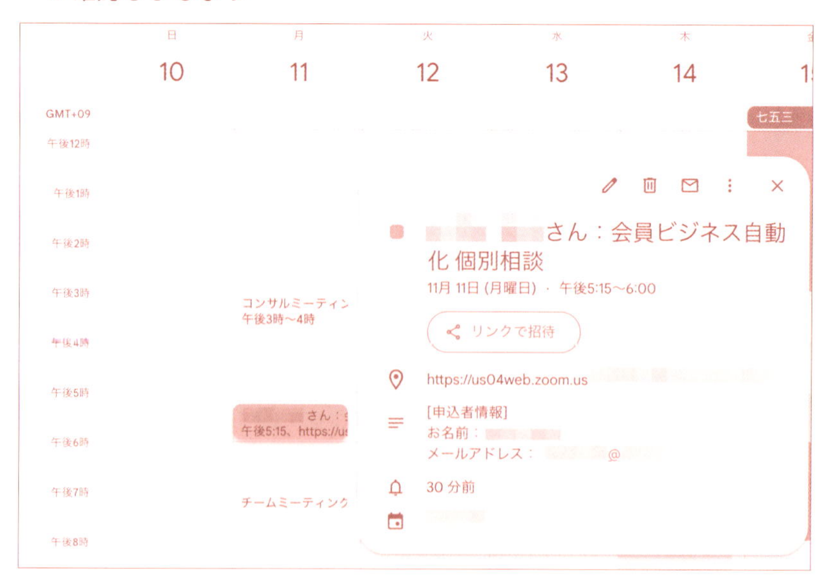

❼前後の時間など自由に設定してあなたが実施したい時間帯、所要時間を設定してシミュレーションしてみましょう。

## 重複予約を受付するとどうなる？

同じメールアドレスで同じ個別相談に申込しようとすると、以下のようなメッセージが出て申し込みを受付できなくすることができます。

既にお申込み頂いています。

既にお申込み頂いています。

ご案内メールが届いていない場合は迷惑メールボックスをご確認ください。

それでもメールが届いていない場合はお問い合わせください。

重複の申し込みを受付するとどうなるのか？

UTAGEで、LINEとメール配信をするなら、1LINE1名になるため、重複申込を受付していくと、LINEとメールの紐付けが煩雑になります。UTAGEには便利な機能が揃っているので、どのような方針で、申し込みを受け付けるのかを決めておきましょう。詳細は【メール・LINE編】をご確認の上、検討してください。

❶【イベント・予約】メニューをクリックし、個別相談を開き、サイドメニューの「イベント設定」をクリックします。

重複申込：「禁止する」「許可する」「許可する（連絡ありでキャンセル済の場合のみ)」で設定します。

「禁止する」に設定するとメッセージを表示し重複申込を停止できます。

重複申し込みを受け付けたい場合は、許可する、許可する(連絡ありでキャンセル済の場合のみ）のどちらかに設定します。

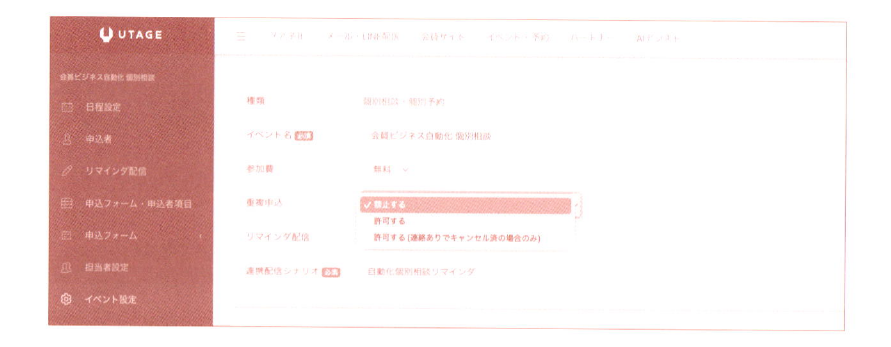


※連絡ありキャンセルの受付方法は、「申込者」メニューの箇所で後述します。

SECTION 5-13 UTAGE

# 個別相談申込フォームを変更しよう

「個別相談・個別予約」の申込フォームは、デフォルト設定以外に文章を追加してカスタマイズすることができます。申込フォームの変更をしてみましょう。

## フォームURLを渡すだけでは不十分

UTAGEには、デザイン性の高いファネルがあるため、申し込みフォーム記述する内容は、前後のフローによって異なります。

例えば、セミナーで十分に価値提供をして、個別相談の詳細を知っている人には、必要事項だけを記入してもらうフォームのURLを送るだけでも申し込みされる可能性が高いです。

しかし、個別相談の価値や、何が得られるのかがよく伝わっていない人には、フォームのURLを渡しただけでは、いったい何をどう相談したらいいのかわからず、申し込みに至るチャンスが下がってしまいます。それらを踏まえた上で、フォームに何を記述するのかを検討してください。

## 個別相談・個別予約申込フォーム変更

❶【イベント・予約】メニューをクリック、「会員ビジネス自動化 個別相談」を選択し、サイドメニューの「申込フォーム」から「申込フォーム」をクリックし、現状を確認します。

❷こちらのサンプルではすでに、「登録フォーム上部に表示する内容」「登録フォーム下部に表示する内容」と入力してあり、どこにどのように表示されるのかを示しました。

タイトルのすぐ下に「登録フォーム上部に表示する内容」が表示されています。

会員ビジネス自動化 個別相談

登録フォーム上部に表示する内容

日程の選択

入力例）

- ご希望の日程、時間を選ぶと、担当者が表示されます。
  担当者を選択してお申し込みください。
- 個別相談が延長する場合があります。予約時間の後、15分程度は延長しても大丈夫なように余白の時間をとっておいてください。

ボタンの上に「登録フォーム下部に表示する内容」が表示されます。

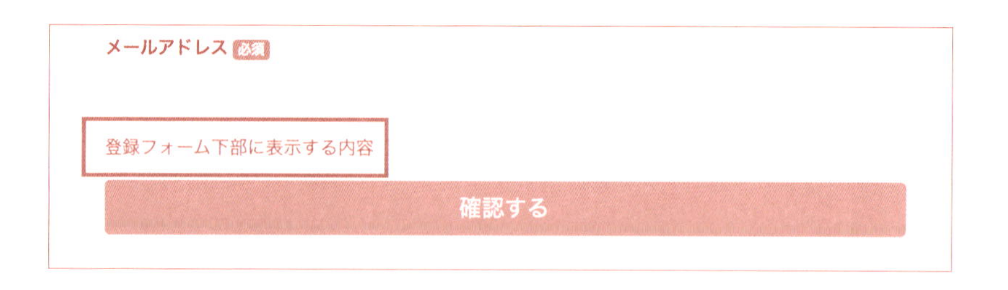


今回は試しに、個別相談の注意事項を入力してみましょう。

入力必須というわけではありませんが、設定するとどんな仕上がりになるのか試してみましょう。

入力例）

- 無断欠席は厳禁です。

- 事前に日程変更か、キャンセルのご連絡を必ず入れてください。
- 当日は、集中して参加できる環境でご参加ください。移動しながら、画面オフでのご参加はできません。
- 個別相談は審査制となっております。審査に通った方のみ、LINEよりご連絡します。　　など

設定が終わったら、「保存」ボタンで変更を保存しましょう。

作成したフォームをファネルに埋め込む設定できます。申込後は、ファネルのサンクスページを表示させることもできます。詳細は【ファネル編】をご確認ください。

## サンクスページをカスタマイズする

自動的に設定されるサンクスページの代わりに自分でカスタマイズすることもできます。

サンクスページのデフォルトでの表示例はご紹介したとおりで、それで問題なければそのままでOKですが。サンクスページに文字を入れるとどんな表示になるのか確認してみましょう！

お申込みありがとうございます

お申込み頂いたメールアドレス宛にご案内をお送りしました。

メールが届いているか今すぐご確認ください。

しばらく経ってもメールが届かない場合は迷惑メールボックスをご確認ください。

それでもメールが届いていない場合はお問い合わせください。

＜サンクスページ設定＞

❶サイドメニューの「申込フォーム」メニューをクリックし、「申込フォーム設定」を選択します。

❷「サンクスページに表示する内容」のエディタに文字を入力してカスタマイズしてみましょう。

下記の例は、「サンクスページに表示する内容」とそのまま装飾せずにテキストで入力したものです。

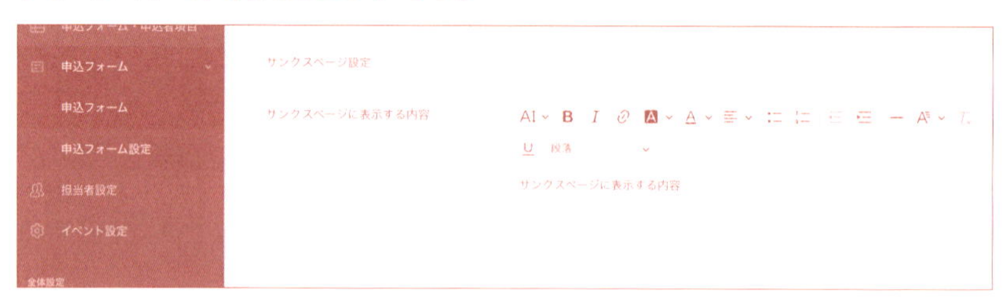


❸プレビューするとこのようになります。

サンクスページに表示する内容

サンプルを参考に、フォームに表示する内容を設定してみましょう。

エディターには、文字サイズ、太字、イタリック、リンク、背景色、文字色、文字揃え、箇条書きなどがあります。

ポインタを合わせると、名前が表示されるので、どんな装飾ができるのか確認しながら設定してみましょう。

段落

登録フォーム上部に表示する内容

上部にある「サンクスページ」ボタンをクリックすると、プレビューで確認できます。仕上がりを確認してみましょう。

SECTION 5-14

UTAGE

# 申込者管理の情報を管理しよう

申込者の管理方法を、実際に操作を通して確認してみましょう。申込後、主催者の方でどんな操作で管理ができるのかみてみましょう。

## 申込者の参加状況、成約状況を管理する

❶【イベント・予約】メニューをクリックし、「イベント一覧」から、個別相談を選択しサイドメニューの「申込者」メニューをクリックします（練習として登録したデータを申込者と見立てて進めていきます）。

❷登録フォームから、申し込みが入ると＜申込者＞に表示されます。申込者の右端の「操作メニュー」からそれぞれの操作を行い画面の表記を確認しましょう。

・開く：＜申込者情報＞が表示されます。参加状況や、成約情報を入力して管理できます。

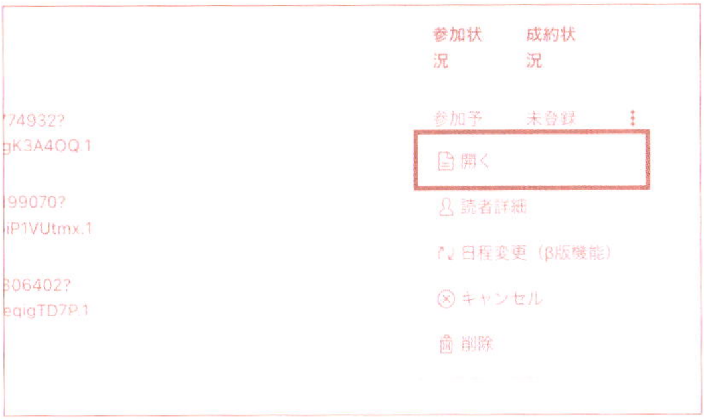

参加状況 成約状況

参加予 未登録

開く

読者詳細

日程変更（β版機能）

キャンセル

削除

### ●参加状況を変更する

「参加予定」「参加済み」「遅刻」「キャンセル(連絡あり)」「キャンセル(連絡なし)」「キャンセル(日程変更済)」から選択できます。

個別相談やセミナー後に、参加状況を記録して管理します。

### ●成約状況

「未登録」「決済済」「決済予定」「検討中」「不成約」から選択できます。

※「成約状況」は主にイベント参加後のバックエンド商品販売の成約状況等を入力する用途で利用します。

個別相談やセールスの後に、結果を入力して管理します。

❸試しに、参加状況、成約状況を変更して表示結果を確認してみましょう。

## 個別相談・個別予約の申込の日付を変更する

個別相談・個別予約で、申込日付を変更する方法は２通りあります。

❶変更用URL（ご本人専用）を発行して、ご本人に送信し変更してもらう。

＜申込者＞の「操作メニュー」をクリックし、「日程変更」を選択します。

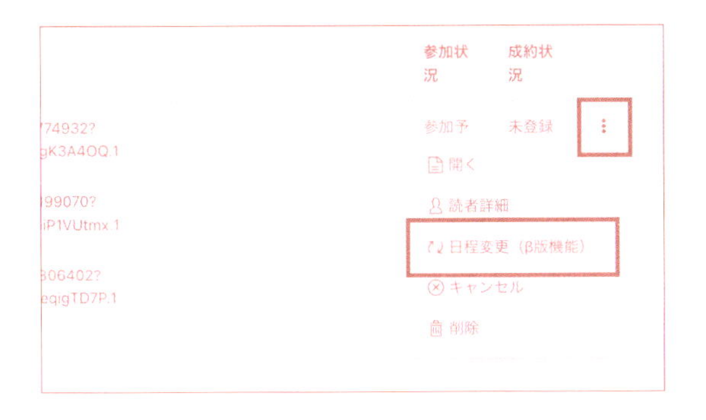


**表示されたフォームのURLを該当者に渡して「個別で案内」します。**

この日程変更URLは個別に発行しているURLのため、同じ日程だったとしても他の方に使い回しはできません。

URLを利用して主催者が代理で入力は可能ですが、代理予約をすると同一端末・IPアドレスからの操作となり、UTAGEでは非推奨となっています。

可能な限り、申込者本人が、個別のURLにアクセスしてイベント申込・変更を行うようご案内ください。

## 申し込みのキャンセルを受け付ける

申し込みのキャンセルは、操作メニューから行います（データ削除ではなくキャンセル処理をした履歴を残す）。

**❶キャンセル希望者のデータを開きます。**
**❷「操作メニュー」から「キャンセル」を選択します。**
**❸キャンセルは、「連絡あり」、「連絡なし」、「キャンセル（日程変更済み）」 から選択できます。**

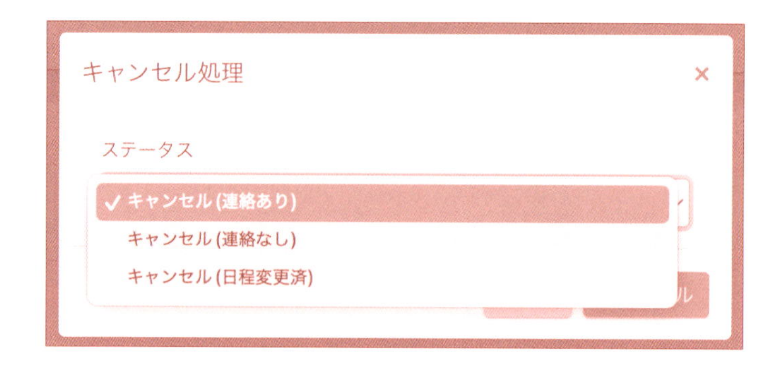


❹キャンセル希望者の「参加状況」がキャンセルの表示に変わったことを確認してください。

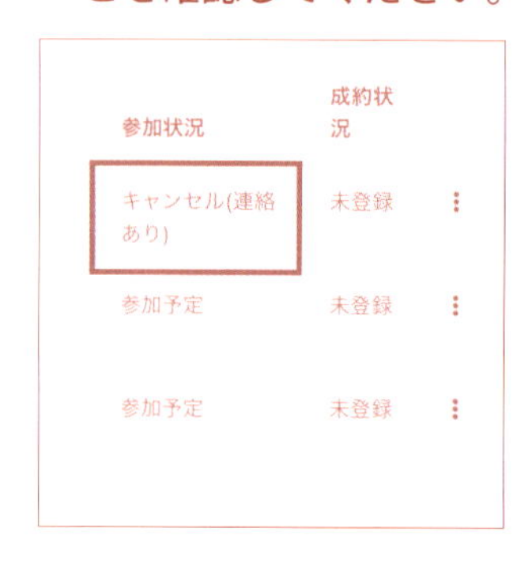

CHAPTER

6

# 会員サイト運営効率化のコツ

6

SECTION

# 決済連携しよう

イベント機能のテストモードを活用して、イベントを有料化して受付・決済テストを行うことができます。

## UTAGEの決済連携機能

イベント機能では、参加費を「無料」、「有料」から選択可能です。

支払い方法はUnivaPay、Stripe、AQUAGATES、テレコムクレジット、FirstPaymentから選択できます。

各決済システムを利用するには、事前に審査が必要です。

## 事業者設定を行う

【ファネル】メニューをクリックし、サイドメニューの「事業者設定」をクリックします。「＋追加」ボタンをクリックし、法人名、屋号など必要事項を記入しましょう。

消費税課税種別、課税事業者、登録番号（インボイス）も状況に応じて記入しましょう。

## 決済準備をする

UTAGEマニュアルで「決済連携とは？」のページを検索して参考にしながら設定を完成させてください。

**❶決済会社と契約を済ませる**

迷っている場合は、推奨の決済連携先をチェックする

**❷審査が通ったら、次はUTAGEで決済連携をします。**

マニュアルのアカウント連携方法を参考に、設定を行います。
（情報源の統一をするため、本書では流れのみをご紹介させていただきます）

【ファネル】メニューをクリックし、サイドメニューの「決済連携設定」選択します。

- <Stripe連携設定>
- <UnivaPay(新システム)連携設定>
- <UnivaPay(旧システム)連携設定>
- <AQUAGATES連携設定>
- <テレコムクレジット連携設定>
- <FirstPayment連携設定>
- <振込先口座設定>

などの設定ができます。

設定の手順は、１つでも抜けたり順番を間違ったりすると正常に動作しませんので、マニュアルを見ながらじっくり操作してください。

**本書ダウンロード特典：**
決済会社の審査が通りやすくなる準備方法を特典でプレゼントしています。

## 有料で販売をする

### 有料イベントの場合

「イベント設定」ページで「参加費」を「有料」にし、決済種別などを設定します。

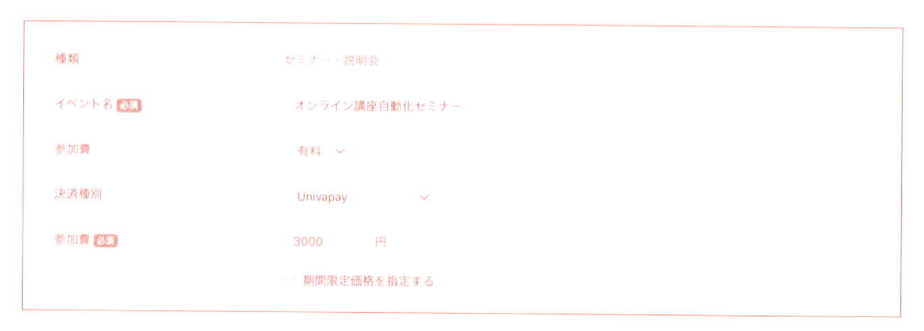


### 有料個別相談の場合

イベント・セミナーと同様に「イベント設定」ページで設定します。

### イベント・個別相談を有料で受付する場合のファネル設定

ファネルページの要素追加で「イベント・予約」から「申込フォーム」を挿入します。

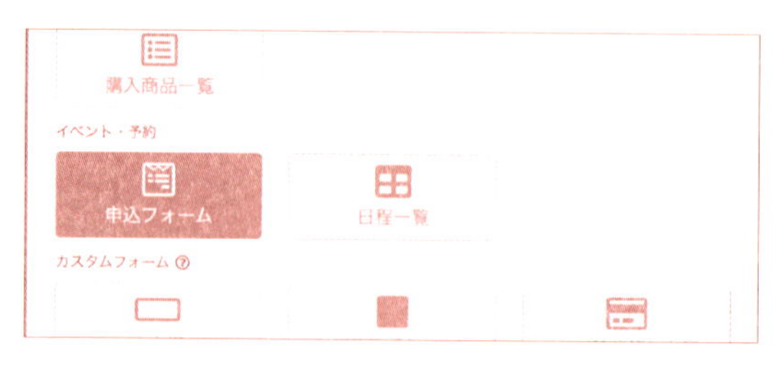

あらかじめ「有料」に設定してあると、フォームの下部に、決済情報の入力欄が表示されます。

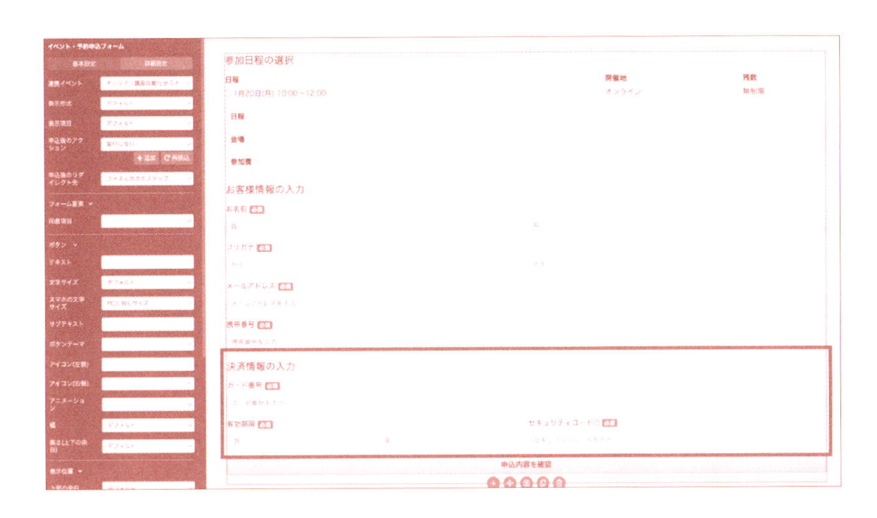


**TIPS** イベントで表示されるカレンダーは、表示形式を変更できます。
「カレンダー」表示、「リスト」表示、「カレンダー+時刻（2ステップ）」（カレンダーの日付をクリックし、時刻をクリックして予約）

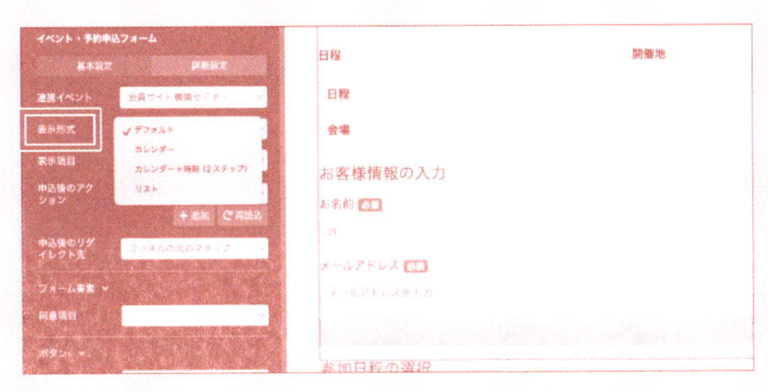


個別相談も、イベントと同様に、ファネルページの要素追加で「イ

ベント・予約」から「申込フォーム」を挿入します。

「連携イベント」で個別予約を指定します。

　フォームが引き込まれるとカレンダーも表示されます。

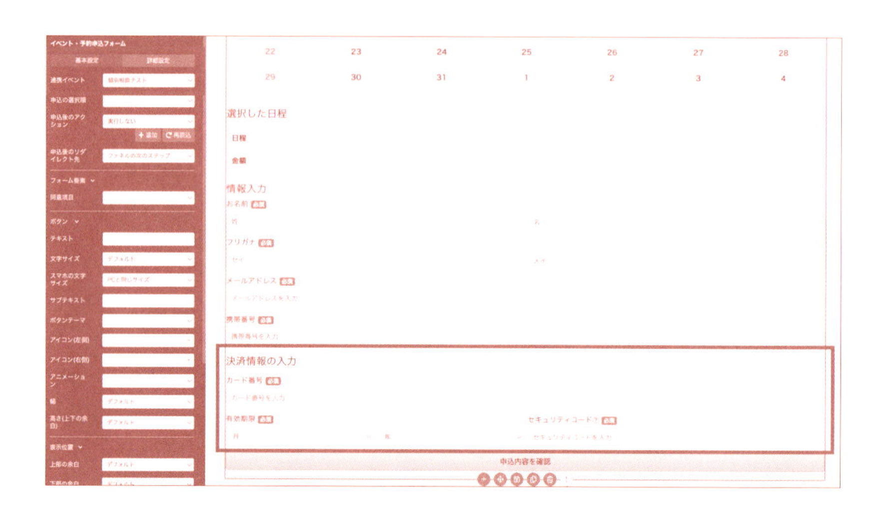


　フォーム下部には決済情報入力欄が表示されました。

## ●有料会員サイトの場合

【ファネル】メニューの「商品管理」を開き「＋商品追加」ボタンで商品追加します。「会員サイト」バンドルコースの設定をしておきましょう。「商品詳細（価格ラインナップ）」で商品詳細を設定します。

　バンドルコース名、追加するコースをあらかじめ設定します。

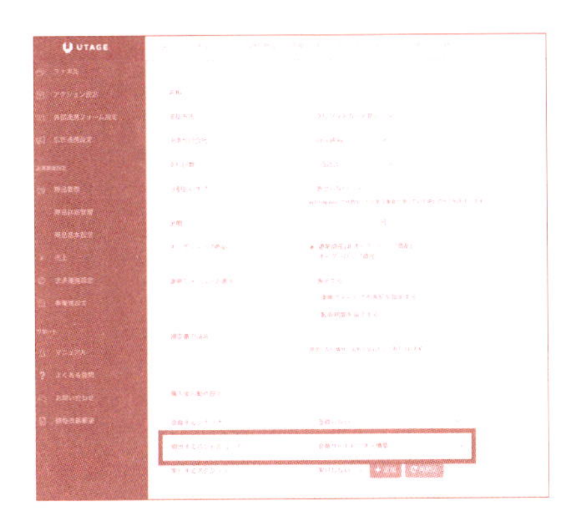


## 有料商品のテスト決済

UTAGEマニュアルでその中に、「有料イベントのテスト決済」として専用の設定が準備されているので確認しながら進めてください。

Stripeでのテスト決済

- ファネル機能と連携している場合
- ファネル機能と連携せずイベント機能のデフォルトの登録フォームを利用する場合

UnivaPayでのテスト決済

テスト決済の方法など、詳細がありますので指定のカード番号を入力するなどしてテスト決済をしてみてください。

### テスト操作の準備

❶テストしたいイベント・セミナーや個別相談・個別予約を開き、サイドメニューの「イベント設定」を開いて設定します。
参加費を「有料」に変更、「決済種別」「参加費」を設定し、「決済モード」を「テストモード」に変更しましょう。

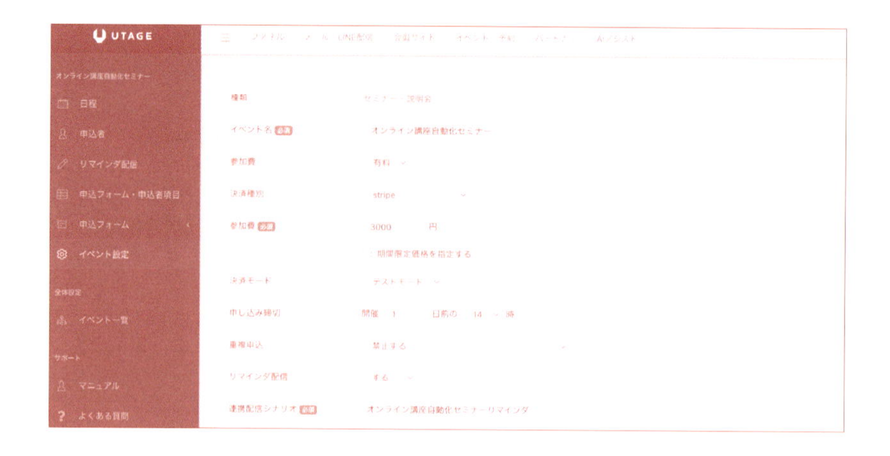


テストをするときは、【本番モード】→【テストモード】に変更してください。テストが終わったら本番モードに戻します。

- 開催日程が設定されていること。
- UTAGE決済連携を行ってからテストを行いましょう。
- 決済会社により準備の設定が異なります。

うまくいかない場合は、再度マニュアルを熟読して設定してみてください。

テストモードのままだと、イベント一覧に表示されますので、テストが終わったら本番モードに戻してください。

**TIPS** 決済代行会社は、支払い回数により設定内容が異なるので、UTAGEのマニュアルも確認しながら設定してみてください。

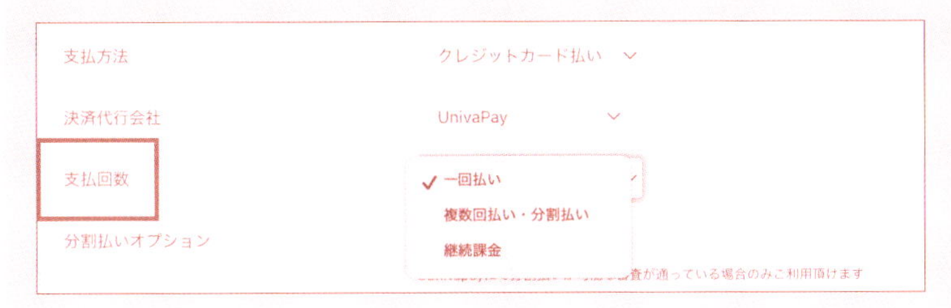

SECTION

# 受講生側からの操作を効率化しよう

受講生側から操作できることを増やすことでも効率化を図れます。ここでは、会員サイトの課金連動操作についてご紹介します。

## 会員サイトの課金連動

ファネルの商品購入で継続課金商品を購入した受講生が、自分の会員サイト内からクレジットカード情報を変更することができるようになる機能です。

❶【会員サイト】メニューから会員サイトをクリックし、サイドメニューの「サイト設定」から「決済連携設定」をクリックします。
「課金連動」を「する」に設定します。

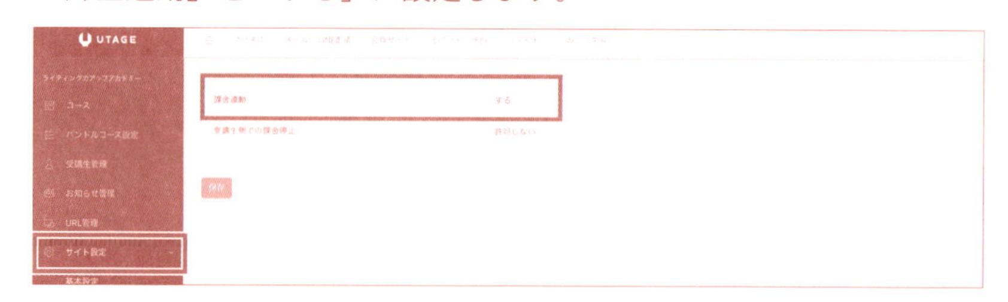


❷「受講生側での課金停止」を「許可する」に設定します。

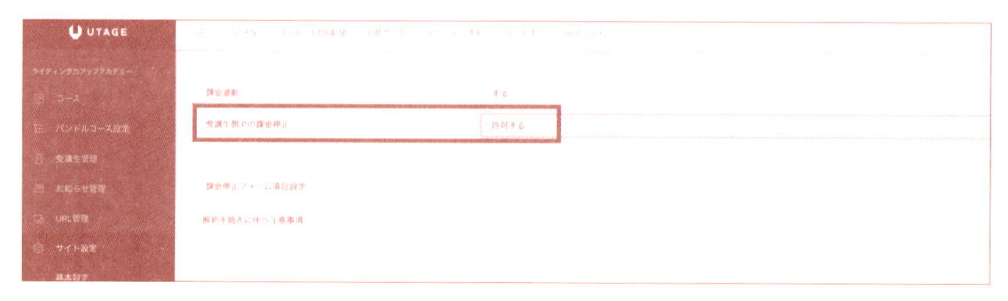

❸【ファネル】メニューをクリックし、サイドメニューから「商品管理」を開きます。「管理名称選択」の「管理名称」から対象の商品を選択します。「購入後の動作設定」で「購入後に開放するバンドルコース」に機能を開放させたいバンドルコースを指定します。

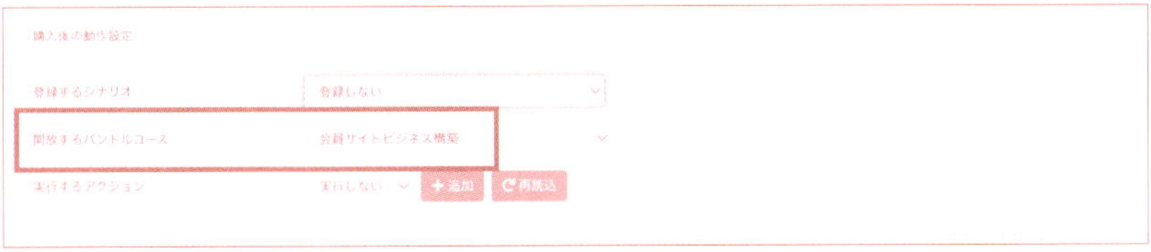

購入後の動作設定
登録するシナリオ　登録しない
開放するバンドルコース　会員サイトビジネス構築
実行するアクション　実行しない　＋追加　再読込

※購入後に「開放するバンドルコース」に指定した場合は、購入後の「実行するアクション」で「バンドルコース開放」のアクションを重複指定しないようにしてください。
同一バンドルコース開放のアクションを指定すると、受講生登録が重複登録となり、ログイン不可や解約ボタンが非表示等の不具合の原因になり、課金連動が正しく動作しないことがあります。

ファネル操作等については「UTAGE実践マニュアル ファネル編」をご参照ください。

## 会員サイトからカード情報を変更する

行った設定が動作しているか確認します。課金連動がされている場合に操作できます。

❶会員サイトにグインし、右側のメニューから「アカウント設定」をクリックします（受講生操作)。

❷左側のメニューから「お支払い方法」をクリックすると、契約中の継続課金が表示されます。

❸クレジットカード情報の「変更」をクリックし、課金されるカード情報を変更できます。

## 会員サイトから課金停止操作をさせるには？

ファネルの商品購入で継続課金商品を購入した受講生が、自分の会員サイト内から課金を停止することができるようになる機能です。

❶【ファネル】メニューで「商品管理」をクリックし、該当の継続商品を選択します。支払い回数が継続課金になっていることを合わせてご確認ください。

❷「会員サイト」メニューの「サイト設計」から「決済連携設定」を選択します。「課金連動」を「する」に設定します。さらに「受講生側での課金停止」を「許可する」に設定します。

❸「課金停止フォーム項目設定」で「解約手続きに伴う注意事項」を記入します。「解約フォーム項目」を設定します。

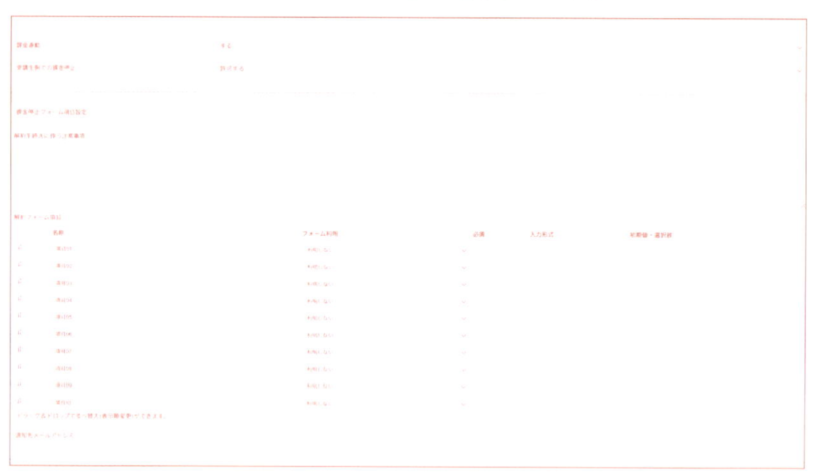

「通知先のメールアドレス」を記入し「保存」します。

## 継続課金商品を契約中の顧客が課金停止（解約）する方法

課金連動がされている場合に操作できます（受講生操作）。

❶会員サイトにグインし、右側のメニューから「アカウント設定」をクリックします。

❷左側のメニューから「お支払い方法」をクリックすると、契約中の継続課金が表示されます。

❸継続課金商品の「解約」ボタンをクリック。

❹解約商品名を最終確認し、「解約手続きに進む」ボタンをクリック。最後に解約ボタンをクリックします。
再度アカウント設定の「お支払い方法」を開き、商品のステータスが「解約済」になったことを確認してください。

SECTION

# 会員サイト活用例

UTAGEを活用して作成した会員サイトをご紹介します。事例を参考にしながらあなたの会員サイトの作成をスタートしましょう。

## ワークをやりながら、売れるオンライン講座を作成

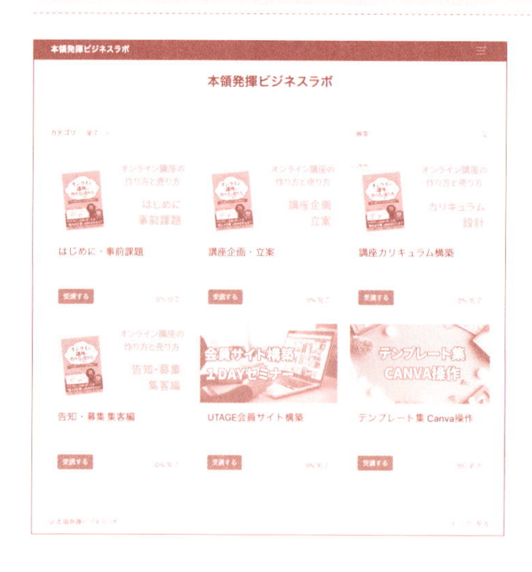


| サイト名 | 本領発揮ビジネスラボ |
|---|---|
| 運営者 | ライフゴールインターナショナル株式会社 カー亜樹 |
| どんな人向け<br>コンテンツサイト | 自分の知識、ノウハウをオンライン講座にして販売したい専門家向け。<br>初めてUTAGEを使って、オンライン講座を構築するノウハウを提供。 |

| 会員サイト作るにあたりこだわりポイント | 書籍と連動したレッスン構成で、読む、観る、学ぶ、作るを実現できるように設計。動画とワーク・課題を繰り返し取り組めるようにレッスンを構成。自分の強みが発揮される講座作りをサポート。テンプレートも会員サイトから配布して必要なツールを一元化。 |
|---|---|

## 産前産後の女性向けヨガ指導者を育成

| サイト名 | 産前産後ヨガプログラム |
|---|---|
| 運営者 | 一般社団法人 日本ママヨガ協会 カー 亜樹 |
| どんな人向けコンテンツサイト | オンラインで産前産後のヨガを学びたいインストラクター向け |
| 会員サイト作るにあたりこだわりポイント | 講師になりたい子育てママが細切れの時間を使ってみることを想定して、各レッスンを短めに設定。完了が増えていくことでモチベーションもアップ、自宅学習でも、しっかり習得できる構成に。別途印刷テキストも準備し、動画とテキストで学べる構成にしました。コメント機能で課題提出、PDFダウンロードでセリフテンプレートを配布。 |

## AI（ChatGPT）の基本的な使い方をマスター

| サイト名 | AIを活用した業務改善 |
|---|---|
| 運営者 | 株式会社メディアミックス |
| どんな人向けコンテンツサイト | AI（ChatGPT）の基本的な使い方をマスターできる |
| 会員サイト作るにあたりこだわりポイント | ITやAI初心者の方が受講する可能性が高いため、ステップ1から順番に見ることで、迷わずに学べる構成を意識。<br>動画コンテンツをそれぞれ5～10分にまとめることで、集中力を維持しながら進めることが可能に。 |

## 経営者として成長できる即実践型サイト

| サイト名 | WANTS会員サイト |
|---|---|
| 運営者 | MIRAI WEB 株式会社　代表取締役　福田 政隆 |
| どんな人向けコンテンツサイト | 経営の基盤を整えたい中小企業経営者や、資産を残しながら事業を成長させたい個人事業主向け。節税や補助金獲得のノウハウ、資産形成スキルを学びながら、経営者として成長できる実践型の会員制サイト。 |
| 会員サイト作るにあたりこだわりポイント | 初心者にも優しい設計：直感的に使えるデザインと、初学者でも理解しやすいステップ形式の学習コンテンツを提供。<br>リアル実習やテンプレート提供、添削サービスを通じて学びを現場で活用できるように特化。<br>繋がりが深まり質の高い交流を促すフォーラムやリアルイベントでは、お知らせや、メールなどの一斉配信を活用。 |

## 施術系店舗経営に必要なことをオンラインで伝授

| サイト名 | 株式会社　Life & Energy 片岡夕美子 |
|---|---|
| 運営者 | 積み上げ型サロン経営法 |
| どんな人向けコンテンツサイト | 施術者やエステティシャンなど、サロン経営者に向け、実務から、メニュー設計含め、店舗運営をするにあたり必要なことを、まるっとマーケティング実践に基づきお伝え。22年の施術歴・15年の経営経験の知見も含め惜しみなく伝授。 |
| 会員サイト作るにあたりこだわりポイント | カテゴリー別に分け、受講生のレベルに合わせて受講できるようにサイトを作成。実践ベースの講座のため、直感的に取り組んでもらいやすいように意識したカリキュラムにしている。 |

## 良いエネルギーを世界に浸透させる理論が学べる

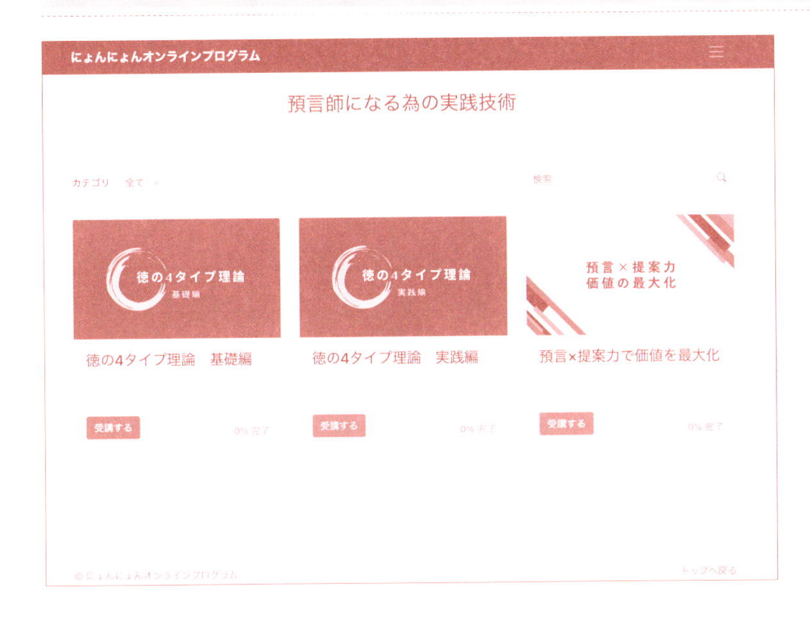


| サイト名 | にょんにょんオンラインプログラム |
|---|---|
| 運営者 | 株式会社GENKI にょんにょん |
| どんな人向けコンテンツサイト | 自分の本質を活かし、際限なく良いエネルギーを世界に浸透させたい人に、自分の特性を活かす技術や、未来を現実にする技術が身につく。 |
| 会員サイト作るにあたりこだわりポイント | 現代の科学的な視点も、目に見えないアプローチも、どちらの側面も大切だと感じる人に、「そうだったのか！」という新しい発見やアハ体験を生み出すことを大切にしている。一つの動画コンテンツだけでも、新しい世界や気づきが生まれる内容になるように作成。理論を腑に落ちるまで繰り返し学べる動画と実践ワークで構成した。 |

## ゼロイチから仕組み化と自動化を学べるサイト

| サイト名 | アポロアカデミーメンバーサイト |
|---|---|
| 運営者 | アポロン陽子 |
| どんな人向けコンテンツサイト | ゼロからオンライン講座の集客を仕組み化・自動化したい人のためのサイト |
| 会員サイト作るにあたりこだわりポイント | ゼロステージの人向け、売れ始めたステージの人向け、大きく拡大するステージの人向け、と段階別にコースを設け学習項目を細かく分けて、動画1本あたり2分から最長で20分にしてることで、学びたいところをピンポイントに学べ、復習もしやすく構成。<br>とにかくわかりやすく、最短、最速で売上を達成できるよう工夫と改善を重ねている。 |

## 受講生のレベルに分けてメソッド創設者から直伝

| サイト名 | FOLコミュニティ会員サイト |
|---|---|
| 運営者 | 株式会社FOL　SORA FOL |
| どんな人向けコンテンツサイト | 『FREEDOM OF LIFE METHOD®』『眞空流古武術®』の受講生およびコミュティ会員限定のサイト。メソッドの習得をサポートするための補助資料や動画の他、運営側も活用。 |
| 会員サイト作るにあたりこだわりポイント | 「メソッド創設者直伝」「認定講師から学ぶ」コミュニティは受講者の習得レベルで細分化。複雑な運営はバンドルコースを活用して閲覧権限をコントロール。メソッドのリアル講義（Zoom参加可）を録画し、いつでも各自のペースで復習できるよう、動画の埋め込みコンテンツを活用している。 |

## メンバー限定、運営チーム向けの両方で活用できる

| サイト名 | 応援共創ラボBooster！ |
|---|---|
| 運営者 | 一般社団法人おうえんフェス |
| どんな人向けコンテンツサイト | 協力者や応援を集めて10倍集客を実現し、ビジョンを実現していきたい方向け |
| 会員サイト作るにあたりこだわりポイント | 応援についての概念をまとめた上で、集客やクラウドファンディング等、メンバーのニーズに合わせてコースを設定。定期的にゲストをお呼びし、コンテンツが定期的に増えていく仕組みを作っている。運営チーム限定の動画や勉強会も開催。 |

## 初心者にわかりやすくテーマで分割

| サイト名 | たまごアカデミー |
|---|---|
| 運営者 | アパッショナート合同会社　倉林 寛幸 |
| どんな人向けコンテンツサイト | オンラインビジネス初心者向け勉強会の録画や、自習教材を視聴できるサイトです。 |
| 会員サイト作るにあたりこだわりポイント | 勉強会は1時間半あるので必要なコンテンツを探しやすくするため、動画1本あたり5〜10分で編集。テーマごとに分割してアップロードしコースを作成（例：はじめてのビジネス、マーケティング）困ったらすぐに参照して知りたいことがすぐわかるように構成している。 |

会員サイトの事例をいくつかご紹介しましたがいかがでしたか？

今まだ、会員サイトの構想が決まってない方、UTAGEでどんなことができるのか？を知ってから利用するか決めたい方にも参考になったかと思います。

この本では、まだアイディアがなくても、実際に会員サイトを作れるように構成していますので、早速UTAGEを無料でスタートして、実際に操作をして、どんなことができるのか？をぜひ体験してみてください。

すでに、UTAGEは契約しているけど、まだ会員サイトまで利用していない方、会員サイトは、お客様向けはもちろん、自社スタッフの研修にも活用できます。今のサービスにUTAGEで構築した会員サイトをプラスして、売上アップにお役立てください。

使えるようになったら始めるというよりも、使いながら慣れていき、あれもこれも使ってみよう！　となるのがUTAGEの魅力です。

## おわりに

### あなたの価値を届けるUTAGEと「自由な未来」へ

本書を最後までお読みいただき、ありがとうございました。

UTAGEを「利益を生み出すレベル」まで仕上げていくには、操作だけではなく、コンセプト設計や、企画内容はもちろん、コンテンツも必要になっていきます。

あなたの理想の未来を実現し、売上アップの最強ツールになる可能性は十分秘めていますが、実際に活用するのはあなた自身です。

でも、1人で考え込まずに、UTAGEの作業会や、勉強会に参加して、あなたの想い、コンテンツの魅力が伝わるシステムに仕上げていってください。

フォローアップとして、本書に掲載しきれなかった原稿を特別なマニュアルとしてお配りしておりますので、QRコードにアクセスして、ご活用くださいませ。

また、本書の内容を一緒に実践するUTAGE構築セミナーにも気軽にご参加ください。

原稿執筆において、非常にタイトな時間の中、締め切りに追われながらも温かい励ましをくださった株式会社カワラバンの西田かおりさん、書きたいだけ書いたら450ページにもなってしまった原稿をわかりやすくまとめてくださりありがとうございました。

そして、執筆のチャンスをくださったケイズパートナーズの山田稔さん、3冊の出版でもお世話になりありがとうございました。2冊目の「オンライン講座の作り方と売り方」（つた書房）とともに、講座作りと自動化の魅力をしっかり伝えてまいります。

最後に、私からあなたにお願いがあります。完成まではちょっと大変かもしれませんが、UTAGE実践マニュアルをどんどんご活用いただき、作ったファネルで得た自由な時間は、あなた自身のためだけでなく、より充実したコンテンツ作りやサービス提供、カスタマーサクセスの実現のために使っていただきたいです。それこそが、UTAGEの真価が発揮できたことになるからです。

UTAGE実践マニュアルシリーズに出会って、働き方が変わった、売上がアップした、日々の業務の煩雑さから解放され、新たなチャレンジやクリエイティブな活動に集中できるようになったなど、あなたの「究極に自由な未来作り」にお役に立てたらうれしいです。

そして、実現できた皆さんと一緒に、近々たのしい宴ができますように。

2025年1月
UTAGE構築コンサルタント
カー　亜樹

## 著者紹介

# カー 亜樹（かー あき）

オンライン講座構築コンサルタント
UTAGE構築コンサルタント

専門家の知識ノウハウをコンテンツ化しWebを活用した集客をサポート。
養成講座では、700名以上を育成。講座の構築から進行方法、集客戦略、認定講師の育成まで、認定講師制度や協会の設立支援など、幅広いノウハウを提供。
マイクロソフトオフィシャルトレーナーとしてこれまで70,000人以上にPC操作指導、Office製品の操作マニュアル作成に携わる。ITサポートを提供してきた経験を活かし、初心者が楽しみながら学べる教材の開発や、売れる講座の企画、次々とオリジナルコンテンツを生み出すコンサルを実施している。
クライアントの強みや才能を引き出すオンライン講座プロデュースを通じて、講座設計からeラーニング化、集客、認定講師の育成までをトータルで手がけている。
自分の強みや才能を開花させPC 1台で自由に働くライフスタイルの実現をめざし邁進中。

DVD付き書籍『ママを癒す産後ヨガ』日東書院本社（2015年）
『オンライン講座の作り方と売り方 あなたの知識、スキル、ノウハウは誰かの価値になる！［やりがいとお金が手に入る「教える仕事」を始めませんか？］』つた書房（2024年）

編集協力●西田かおり、山田稔

# UTAGE実践マニュアル　会員サイト編

2025年1月30日　初版第一刷発行

著　者　　カー 亜樹
発行者　　宮下 晴樹
発　行　　つた書房株式会社
〒101-0025　東京都千代田区神田佐久間町3-21-5　ヒガシカンダビル3F
TEL. 03（6868）4254
発　売　　株式会社三省堂書店／創英社
〒101-0051　東京都千代田区神田神保町1-1
TEL. 03（3291）2295
印刷／製本　株式会社丸井工文社


ISBN978-4-905084-85-3